其實你根本不想瘦

人魚線教練甩肉大公開
14人激瘦200公斤的奇蹟
（附芯曲線雕塑操DVD）

鄭芯妤 著

劉畊宏

第一次見到芯妤，覺得她酷酷的，但聊天後卻發現她非常有親和力，有天生的幽默感、獨特的生活方式，以及不輸男生的食量。例如：聚餐時，她因工作忙碌晚到，請我們先點菜，她說吃不太下，幫她點一客牛排就行了；結果，她來了不但把牛排吃光，也把我們點的魚和青菜吃得乾乾淨淨，我們頓時臉上三條線，以後都不相信她吃不下了！

年輕的她，學習力超強。我親眼目睹她在高壓的環境下快速成長茁壯。在「超級減肥王」節目裡，我們是最佳的夥伴，但我們分隊挑戰時，她的表現可沒輸給我。她的細膩跟堅韌，也都讓許多學員佩服。知道她要出書，真的替她開心，我相信她會認真在每一個環節用心去呈現她的健身理念，而且女生們一定會超受用的！

她也曾經胖過，沒有信心、自我價值低落，但如今她已不同。相信透過她的分享，更容易讓你開始走進健康的人生，擁有好的身材。有人看電視覺得她好像很兇，其實她的心還是很溫柔的，只是在那樣的環境，不得不展現強勢的一面來激勵學員！

我看了整本書，芯妤把許多專業轉變成輕鬆的教學方式，讓人運動起來沒有壓力、沒有負擔，開開心心地瘦身迎接好身材。來吧！跟著芯妤教練動起來，享受運動帶給你的快樂生活！

周杰倫

最屌的音樂，搭配最屌的運動方式。這本書所帶來的樂趣，就像音符在五線譜上跳躍出魔法般一篇篇撼動人心的樂章。屁股還不離開沙發嗎？趕快跟著芯妤動起來吧！

汪東城

這是一本非常實用的健身書。俗話說得好：「只有懶女人沒有醜女人。」女孩們往往注重保養化妝，其實大家都忽略了身體的保養，那是最根本的，健身就是一件很棒的事，流汗更能幫助新陳代謝，排除體內的毒素，以及時時讓自己活力健康。書中更有一些如何甩掉蝴蝶袖的方法，甚至利用簡單的隨身物品雕塑自己的身材！所以，天使的臉孔、魔鬼的身材已經不是遙不可及！這本書還真有方法能夠教妳，就讓我們一起過得健康又美麗吧！

何守正

許多女生都認為健身、做重量訓練會變成金剛芭比，藉此說服自己不要運動，或是少運動。又有些女生因為剛開始接觸運動，體重不減反增，所以不敢再繼續運動，但其實體重不減反增的原因是剛開始運動時，肌肉會大量的覺醒，應用的燃料是肝醣生醣分的合成需要儲水，所以運動中用掉補充時，就會暫時性把水分存在體內，感覺體重就變重了。但隨著持續運動，身體變聰

明了，學習了各種方式利用燃料，這種水分過度儲存的現象就會獲得改善。

　　開始運動後，千萬不要被重量給欺騙，而要看自己的腰圍、體圍有沒有變緊！女生要健身才會擁有性感和健康的體態，重點是又可以保持健康！

　　這本書裡有最好的見證，芯妤一直以來保持運動的好習慣，努力不懈、堅持每一次的訓練，芯妤用自己當最好的例子來教大家，如何正確地運動與健身，只要持續堅持運動，不要放棄，你一定也可以像她一樣，擁有性感、健美的好身材喔！

蕭亞軒

　　人的感動總來自最初的那一刻，不管是戀愛、生活、快樂，或者是傷心！第一次碰見Livia（芯妤）的時候，她就是這麼一個愛運動、個性直率又大剌剌的女孩。對生活的微妙變化、對人生的細緻感受，總是毫不保留地與我盡情分享！那些曾經或許只不過是生命中數不清哭泣或大笑的其中一次，但在那一刻總讓人覺得多麼的不可思議！那時候的感動，永遠是這麼的真誠、那麼的無與倫比！所以，盡情運動吧！動出更多令人驚天動地的第一次感動！

楊謹華

　　運動就像吃飯一樣，它是生活當中的必需品。運動健身的好處太多，可以讓你健康、可以讓你變年輕……但運動的方法一定要正確，所以找到專屬於你的健身老師是很重要的！這本書現在就是你（妳）的專屬健身教練！在你平時無法上健身房時、給予你最正確、最方便的健身方法！

蘇麗文

　　這是一本在運動書籍中令人眼睛為之一亮的作品，她為文的出發點不只是運動技巧，還包含生活，甚至是生命，能夠支持人在追求美的過程中全方位的提升。

　　「美力時代」來臨，因此更強化了許多少女對於美與瘦的要求和期待，不惜鋌而走險，因不當瘦身而致命或傷身的新聞層出不窮。其實真正的美，是來自於接受自己的身體，從三個層面去努力：擁有良好的飲食觀念、懂得挑選優質的保健食品，以及適當的運動。運動正是了解自己和接受自己身體的過程，三管齊下就可以打造自己時尚的生活型態和滿意的身型，祝福每個人都可以「遇見更好的自己」。

安心亞

　　隨時隨地跟著這本書一起健身，妳將會有更精采的人生！

6週甩10公斤！
這一次，肥胖徹底大崩壞！

肉肉女變人魚！
健康運動改變體質大作戰！

CONTENTS

Chapter3

解開身體關鍵密碼：
你最容易忽視的胖瘦迷思與警訊

Chapter4

吃對飲食，
其實比不吃或節食更重要！

CONTENTS

不吃藥，不打針，
這樣動吃動就能瘦！

令人難以置信、媒體質疑誇大不實的瘦身報導數據……
人魚線教練鄭芯妤，用最自然健康的方式，
不吃藥、不打針，
真的幫助他們做到了！！！

姓名	祖嘉澤	李錚	及偉佳	吳宏霞	賈博魁	葛玉萍
初始體重	136kg	148kg	105kg	97kg	200.5kg	130.5kg
第一週	128.5kg	141kg	100.5kg	91kg	191kg	125kg
第二週	123.5	134kg	97kg	87.5kg	184.5kg	121kg
第三週	120.5	130.5kg	95.5kg	87kg	182kg	120kg
第四週	114.5	124kg	90kg	83kg	173.5kg	112.5kg
第五週	108.5	118.5kg	86kg	78.5kg	168kg	108kg
第六週	105.5	110kg	84kg	76.5kg	163kg	105.5kg
6 週減重	30.5kg	38kg	21kg	20.5kg	37.5kg	25kg

中國實境節目『超級減肥王』第一季參賽者減重資料數據

BEFORE

「超想瘦」心理測驗：看看你為什麼就是瘦不下來！！！

不管你是高矮胖瘦，青春少女、輕熟女，還是凍齡美魔女，每個女生心中都實藏有感性又美麗的靈魂。只是隨著慢慢增長的年齡，慢慢變胖老化的外在身軀，心裡不免開始產生自卑陰影，讓內心漸漸快樂不起來……

「NO WAY！NG！NG！NG！這不是我想要的人生！！！」在意識到自己慢慢變胖後，很多女生開始發出這樣的哀嚎。她們想要回到從前的健康苗條，帶著美麗感性的快樂靈魂，去好好體驗自己的美好人生！誰會想要終日與肥肉為伍，就算穿上再漂亮的衣服、畫上最鮮豔的彩妝，整個人還是飄散著「大嬸味」，和「女神」這個封號永遠八竿子打不著！！

BUT！！現實與幻想總是有著極大落差，不論你再怎麼想要變瘦、努力減肥，你的身型還是跟想像中的性感女神有著很大一段距離。那是因為：「其實你根本不想瘦！」別再為自己找藉口了！

為什麼我會這麼說呢？因為很多人其實根本不了解自己想要瘦身的決心！減重行動力跟想像力完全不成正比，導致不管再怎麼減也看不見成效，或做了兩三天就放棄，淪為永遠只有口頭在減肥。

所以，在減重前，你必須先找到自己為什麼總是瘦不下來的真正原因！透過以下的「超想瘦心理測驗」，找出潛在的真正元凶，才能對症下藥，改掉讓你肥胖的壞毛病與飲食作息，讓自己有機會從肉肉妹變成美人胚，重新開始不一樣的新人生！

AFTER

超想瘦心理測驗

START →

1. 你是否覺得自己很胖？

○不胖 0 分　○還好 5 分　○胖 10 分

2. 一年之中會有幾次想瘦身的念頭？

○ 0〜2 次 2 分　○ 3〜5 次 5 分　○ 6 次以上 10 分

3. 每次實行瘦身計畫都維持多久？

○不到 1 個月 1 分　○ 2 個月 3 分　○ 3 個月 5 分　○一直持續維持 10 分

4. 有成功達到瘦身目標過嗎？

○沒有 0 分　○有 10 分

5. 瘦下來之後，你復胖過嗎？

○沒有 10 分　○有 0 分

6. 喜歡吃油炸食物和甜食，例如鹹酥雞、蔥油餅、蛋糕、洋芋片、巧克力等？

○不喜歡 10 分　○喜歡 2 分

7. 平常都在什麼時候吃水果？

○飯前 10 分　○飯後 2 分

8. 一週運動幾次？

○ 0〜1 次 1 分　○ 2〜4 次 2 分　○ 4 次以上 10 分

9. 每次運動多久時間？

○ 10 分鐘以內 0 分　○ 20 分鐘 2 分　○ 30 分鐘 5 分　○ 40 分鐘以上 10 分

10. 就寢時間通常在幾點？

○ 22：00 10 分　○ 23：00 5 分　○ 00：00 以後 0 分

心理測驗
計分

全部答題完畢，請將你得到的分數加總，累計積分後對照以下的分數找到自己的類型，就可以讓你的「想瘦指數」原形畢露囉！

A 類型人	B 類型人	C 類型人	D 類型人	E 類型人
0-20 分	20-40 分	40-60 分	60-80 分	80-100 分

A 類型人　自我感覺良好型　減肥指數：0-20 分

每次和別人聊到減肥的話題，其實你的心裡都會發出小小的 OS：「我應該還好吧……其實我也沒那麼胖……」會有這樣的心態，是因為你真的打從心裡就不覺得自己有胖到需要減肥，所以更別說會有動力認真執行。每次嚷嚷著要早點睡、不吃油炸物，也只是朝著「養生健康」的方向去做，並沒有想減重的念頭，想瘦指數可說是非常低呢！

B 類型人　光說不練型　減肥指數：20-40 分

雖然你知道瘦一些對自己的外型、健康來說都比較好，但你每次無法減成功的關鍵因素就在於「懶」，完全沒有行動力可言。每次講到減重瘦身帶的好處，你就會燃起無限希望，開始找資料，準備好好運動並且吃健康餐，但三分鐘熱度一過，你又會開始覺得減肥好麻煩，於是將減重計畫擱置一旁，繼續做著「想瘦」美夢！

C 類型人　心有餘而力不足型　減肥指數：40-60 分

對於減重這件事，其實你算是滿認真看待，對於自己擬定的計畫也都會乖乖地按部就班執行，唯獨美中不足的就是：你實在太忙了！無法完全專注在減重這件事上，排定的運動計畫有時也會因為應酬、加班等事情被耽擱，或者被迫交際應酬而吃下太多油膩、高熱量的食物，讓平時的努力功虧一簣，也讓自己懊惱不已，可說是心有餘而力不足啊！

D 類型人 　再接再厲型　減肥指數：60-80 分

每一次的減重計畫都能讓你「享受」到「想瘦」的目標，只是達成率可能只有 80%，無法做到完全。導致你計畫失敗的不是你偷懶或方法不對，而是先天上的不足，例如身體體能很差、偶爾患個小感冒腸胃炎之類的，讓你的減重成效打折扣。因此，給你一個中肯的建議：平常注意好好保養身體狀況，多訓練體能，再接再厲變身窈窕美人絕對有望。

E 類型人 　完美百分百類型　減肥指數：80-100 分

你有著超堅持的毅力及說到做到的行動力，因此，每一次擬定的瘦身計畫，你一定都會達到目標才會停止，成功瘦下讓人驚嘆的體重。對你而言，只要決心做一件事，你就會全力以赴。只要定下運動目標、飲食計畫，就會強迫自己盡力完成，而且會從成果中找到動力，鼓勵自己再繼續下去，因此減重對你來說不但不辛苦，而且還非常有成就感喔！

[6週甩10公斤！]

這一次，肥胖徹底大崩壞！

看完了前面的心理測驗之後，相信你已經了解了自己的「想瘦指數」有多高，知道自己的減重行動力如何。不過，想要輕鬆地瘦下來真的有這麼難嗎？其實並不會！想瘦＝享瘦並不是在做夢！就讓「芯女神」帶你一起開啟減肥動力，快樂大玩運動，還能享受美食不挨餓，陪你一起在健康這條路上快樂築夢，體驗身心都飽足的享瘦旅程。只要你跟著我一起做，你會發現，連藥物都做不到的6週享瘦10公斤，係金A！

XXL 號變身 S 號，討人厭的小肉肉再也回不去！

你一定很難想像，XXL號的胖哥胖妹瘦到M號甚至是S號。很多人剛開始聽到的反應也都是：不太可能！能瘦一個size已經算是厲害了，特大號的胖子再怎麼瘦，頂多也是少掉一圈肥肉，怎麼可能會變那麼瘦！但是我要鄭重告訴大家：只要用對方法，XXL號的大胖子，真的也能變成S號！

去年，我應邀前往中國擔任真人實境瘦身節目「超級減肥王」的健身教練，為來自各地的減重參賽者進行為期三個月的健身規畫。那些選手每一位都是「重量級」人物，體重最重者甚至有200多公斤，最輕的也上看90幾公斤，當他們一字排開走出場時，場面之壯觀，讓我驚嚇到嘴巴幾乎合不攏。

看著他們光是走幾步路就滿身大汗、氣喘吁吁的模樣，我在心裡開始盤算：「天啊！我要怎麼做才能夠幫助這些人減重呢？」苦思許久，以及跟他們交談、相處之後，我發現這些人的肥胖原因其來有自，他們有著各自不同原因的「肥胖心病」，然後又用各種藉口合理化自己變胖的結果，日子一久，便不知不覺地放縱自己一路發胖下去，等到驚覺自己的尺寸愈來愈大號，那已經到了一發不可收拾的地步了。

從他們身上，我也領悟到來健身房尋求減重的肉肉男及小胖妹們，其實也都是因為類似的「肥胖心病」，而讓自己找藉口合理化變胖行為，最後導致體重失控。有鑑於此，以下我將公開這段時間以來所歸納出來的五種「肥胖心病」，來讓大家檢視自己，或警惕自己是否也曾陷入那樣的肥胖迷思。

如果你也曾經有過這樣的狀態，那麼請為自己加油，趕快改掉錯誤的觀念與作法，只要6週～3個月的時間，你也可以像這些減重者一樣，採用最自然無害的「運動＋飲食＋作息」方法，讓自己從XXL號變身S號，養成易瘦體質，讓討人厭的小肉肉再也回不去！

肥胖心病 TYPE1　情緒型肥胖
生氣 1 小時＝熬夜 6 小時

 真實案例：分手快樂！最美女胖子復仇記
症　　狀：不懂得控制情緒，生氣發怒讓身體循環變差，加上大吃大喝導致肥胖上身……

愛情讓人「幸福肥」，失戀讓人「茶不思飯不想」？

有人說，交往中的男女，因為少了剛認識時的矜持及神祕感，體重因而隨著戀情穩定而逐日往上升。加上約會時，總不免相約吃吃喝喝，更增加了發胖的機率，成為人人口中的「幸福肥」。

然而，失戀時，雖然有些人會因此傷心到「茶不思飯不想」，但更多的人卻是因為生活頓失重心，心情煩悶，反而靠著大吃大喝來撫慰寂寞的心，或是借酒澆愁，每晚靠酒精才能入睡，完全忽略小小一杯酒精熱量高得嚇人！加上胡思亂想、不易入睡的不正常作息及壓力，更是容易讓體重直線飆升。所以，不管是戀愛ing或失戀的殺傷力，其威力實在都不容小覷！

因為這樣而造成肥胖類型的人很多，而讓我印象最深刻的，就是去年減重實境節目中的參賽者，年紀輕輕只有19歲的佳佳。佳佳因為被男友嫌胖而分手，原以為失戀會讓人「為情消瘦」，沒想到她竟靠著大吃大喝來發洩情緒，體重直飆105公斤！為了不想讓男友看扁自己，而來尋求我的幫助，最後成功瘦了36公斤，除了基礎的運動＋飲食習慣＋生活作息的改變，最大的轉捩點是：她學會了控制自己的情緒，不再讓情緒牽引自己大吃大喝，讓易怒傷害了身體。

瘦身，不是為前男友，
而是送給自己最好的禮物！

雖然我是一名瘦身教練，任務在於幫助學員健康瘦身，但有時我經常笑稱自己更像是在扮演張老師的角色，偶爾還要兼任學員的心理諮商師呢！

有些女生學員因為失戀變胖而來減肥，希望瘦下來後，可以參加前男友的婚禮，以最亮麗的姿態來報復前男友們的「看走眼」。不過我卻常常告訴她們：有明確的減肥目標固然很好，但是，各位姊妹們千萬別忘記了，瘦下來絕對不是為了前男友，而是為了自己！

就像參賽者佳佳一樣，從基礎的體能訓練增強，到飲食習慣改變、作息正常，慢慢加重重量訓練，過程中，她從一位凡事都可以生氣、抱怨的人，慢慢變成懂得感謝的美麗女生，她發現自己瘦下來的目的，已經不再是為了想要報復前男友而已，甚至對他的恨更變成了感謝。感謝前男友把她甩了，才能夠讓她意識到自己該減肥了，有機會蛻變成纖瘦美麗的她。她得到的不只是從105瘦到69公斤的36公斤體重差而已，更是完全不一樣的人生。

有句話說：「窈窕淑女，君子好逑。」瘦身成功後，佳佳的五官變得更立體、有精神，連帶為她帶來了許多追求者，看到的眼界也不限於過去那段逝去的戀情而已。這些都是減肥帶來的附加好處，也才是送給自己最好的禮物。

成功瘦身找回自信，美麗生活再晉級！

很多瘦身成功的人，覺得最棒的是：不用再默默一個人躲在家上網買大size衣服，可以跟朋友開心地出門血拚，而且，即使是便宜的路邊攤衣服，也能穿出個人魅力！

很多肥胖的人喜歡穿寬鬆衣服，以為這樣可以把粗手臂、胖大腿、肥肚腩全部遮起來，但其實穿得愈寬鬆，在視覺上才愈容易顯胖。因為突出的部位會把寬鬆的衣服撐得更大，整個人更顯得沒精神。而且，肥胖的人也似乎永遠只有黑色的選擇，如此黑暗的顏色更容易讓人愈穿愈不開心、愈穿愈顯得沒精神。

在我指導的學員中，很多人瘦身成功後都會說：「以前肥胖時只要一穿上寬鬆衣服，或是時下流行的運動風格款式，就好像穿布袋出門；但自從瘦下來，即使穿寬版衣服，也能搖身一變，成為帥氣的時尚風格。」色彩繽紛的配色、不同剪裁樣式，在瘦下來後，會更有自信敢於嘗試，這些都是瘦身成功的好處！就像以前只能陪朋友逛街、在一旁擔任服裝指導的佳佳一樣，瘦下來後再也不用因為買不到衣服，只能默默地對著電腦螢幕選擇大尺碼的網購服飾，而能夠跟姊妹淘一起自信挑選美麗衣服逛街血拚，生活也因為多了自信而變得繽紛美麗。

戒除愛生氣習慣，還給身體年輕好活力！

根據研究發現，愛生氣的人容易肥胖，肥胖的人也特別愛生氣！因為生氣會讓身體的壓力荷爾蒙「皮質醇」分泌增加，進而引起肥胖，而且，生氣會變成一種習慣，導致你養成發胖體質。更有心理學家研究證實，生氣1小時，等於熬夜6小時！生氣時的消極負面情緒，會導致身體免疫能力下降，造成腸胃、消化系統問題及各種疾病，甚至癌症，由此可見，生氣帶來的壞情緒殺傷力有多可怕。

我相信身型肥胖的人或多或少應該都有過這樣的經驗：當家人關心地勸你別吃這麼多時，你就會敏感地覺

得家人很討厭；而另一半關心地説了一句：「最近變胖囉！」你就會認定對方在嫌棄你、不愛你了。負面情緒很容易讓人變得像刺蝟一樣，不只自己渾身帶刺，更覺得處處有刺！

　　我記得有位女性學員曾經氣沖沖地來找我，要我在短時間內幫她快速減重。初見面時，我以為她30幾歲，沒想到她的實際年齡卻比我猜想的少了足足10歲！後來我才發現，因為她很愛生氣，在瘦身訓練的過程中，如果我嚴格控制她的飲食，她就會非常不爽；如果她做不到運動訓練的項目，也可以為此發脾氣，總之就是經常跟我拗脾氣：「為什麼要跑步？不能做別的嗎？」幾乎所有事情，她都可以有一堆不爽的理由。

　　這種情況跟佳佳也很像，她的情緒沒控制好，在運動訓練時就會鬧脾氣，結果導致身體免疫力下降，隔天搞得自己牙齒腫起來，得了牙髓炎，但還是得腫著牙繼續訓練瘦身，反而得不償失。

　　所以，我常告誡這些愛漂亮的女生們，生氣是一個人對自己施行的一種酷刑，會讓你愈來愈衰老。下次想生氣的時候，就趕快去運動吧！透過跑步、快走、游泳等方式，把所有的不愉快宣洩出來！你會發現，當你專注在運動時，壞情緒也會隨著被淡化，痛快地運動一場，所有的不愉快早就被拋到九霄雲外了呢！

透過運動磨練，暴躁女也能轉性變可人兒！

　　運動，除了可以讓人變得年輕，其實也可以改變一個人的性情。因為運動需要規律的呼吸、挑戰體能、不斷練習，可以幫助你集中專注力，培養沉穩的性格、耐心與毅力。再怎麼急躁、易怒的個性，透過運動，都可以被磨練成

擁有一顆柔軟的心!

　　那位來瘦身的女學員在運動初期還沒能調適時,覺得太累太辛苦,質疑我為什麼非得用這樣的方式對她?我看著臉紅脖子粗的她,只對她說了一句話:「你不一定要聽我的!我只希望你好好想一想,你是為了什麼來減肥?對你來說,最終的目的要的是什麼?」當她發洩完情緒,想清楚減肥是為了自己而不是為了誰之後,她還是乖乖地把我交代的訓練動作做完。透過一次又一次的練習,她發現自己愈來愈能接受慢慢往上增加的運動困難度,得到了突破的成就感與收穫。透過運動,她學會了正視自己負面情緒的起源,然後控制、修正,而不再被情緒牽引。所以,運動帶給你的,不只是瘦身而已,更能帶來快樂的正面能量!

芯妤教練
小叮嚀

小心情緒殺傷力!肥胖悄悄找上身!

1. 分手後化悲憤為力量,運動健身才是送自己最好的禮物。

2. 生氣的人容易變胖,因為生氣 1 小時＝熬夜 6 小時!

3. 運動是最好的美麗投資,由內而外讓你變得更不一樣!

飲食習慣與個性觀念型肥胖

高熱量＝美食，減肥食物都很難吃？

真實案例：我的字典裡只有第一名
症　　狀：拒絕任何更好的改變，固執的飲食方式與生活態度，
　　　　　讓肥胖上身……

肥胖是廚師的職業災害？！打破高熱量＝美味的迷思

在你的生活周遭不知道有沒有碰過這種人：不論給他什麼建議，他都能夠有理由一一推翻，然後按照自己的固定模式生活？我的學員當中，就有因為這樣而變成超級肥胖的人。

這位學員大崢的職業是西式料理廚師，因為工作經常要試吃的關係，所以他把愈吃愈胖當成了他的必然「職業災害」，換言之，他認為自己會變胖，都是工作害的！

他來瘦身減重時，我試圖扭轉他根深柢固的觀念，我告訴他，世界上其實有更多身材標準的廚師和美食家，電視上那些教人作菜的名廚身材不也保持得很好嗎？誰說美味和身材不能同時擁有呢？

大崢一直強調：他做的西式料理本來就很容易讓人變胖！因為西式料理多選擇高油、高脂的食材，並以油、糖、鹽作為調味料，再加上裹粉、油炸、焗烤的料理方式，因此熱量要低實在很難。而另一個讓他變胖的原因，則是因為餐飲從業人員無法正常進食的作息，讓他經常忙到餐廳打烊才有空吃飯，囫圇吞下的食物還未消化完熱量，就上床睡覺，才導致他囤積了一堆脂肪，愈來愈胖。

但是，根據一項研究調查發現，肥胖的身型不但讓人在工作時行動變得笨

重，也很容易感到疲憊，無法專心思考、做出判斷；老闆也往往會把肥胖和「不自律」「不誠實」「無法有效的工作」做連結。反之，身材保持良好的同事，在職場上則會給人「自律、節約、努力、積極」的印象，更容易獲得升遷及加薪的機會。所以，大崢雖然不認為自己的工作模式有需要改變或有任何不妥，但是，當他開始意識到自己的「胖」對生活上帶來了不便，以及職場上無法繼續升遷的挫折，不得已之下，他還是下定決心來減肥，希望能夠改變生活的挫折。

減肥食物都很難吃？快拋開要命的刻板觀念！

對於這類型不肯輕易改變的人，我給他的建議和訓練模式就是採取：打破他的固定做事模式，讓他學會凡事都有新的可能。

我打破他原本對食物認定的好吃標準，顛覆中國人傳統印象中「好吃＝重口味」又辣又鹹的刻板觀念，因為，在廚房裡為了追求口感與外在，常讓人忘了要兼具健康的概念。

我提醒大崢：一個好的廚師，應該不是只會照著SOP製作料理，而是懂得運用食材變通，讓客人吃得美味又兼顧健康。如果可以擅用食物本身天然

的鮮甜味及油脂，而非人工添加的油、鹽、味精來製作，就能避免攝取過多的熱量及人工添加劑，不容易發胖。很多廚師因為只擅長做自己熟悉的口味，害怕改變會流失客人或失敗。但他們卻忘了，同樣的食材換個手法烹調，若能做得低脂、健康又兼顧美味，其實反而能讓餐點更受人歡迎，自己和客人吃得也開心。

而大崢對料理製作的刻板觀念，其實也跟一般人「減肥餐很難吃」的印象相去不遠。很多人一聽到減肥要「飲食控制」，立刻聯想到許多錯誤的概念，包括：要吃口感單調、沒味道、難以入口的食物。但其實這是以偏概全的錯誤想法，減肥其實也可以吃得很豐盛、很飽足！

曾經有學員看過我和健身團隊的教練們吃飯的食物分量後，驚呼：「怎麼可能這樣吃還能瘦？」但千真萬確的減肥觀念就是：減肥真的不需要挨餓，只要吃對食物本身的天然營養，再加上持之以恆的正確運動，就可以扎扎實實地健康瘦身。以我自己的經歷而言，我每一餐都要均衡攝取蛋白質、澱粉、蔬菜、水果等營養，四大營養素的種類不偏廢，分量以八分飽為原則，不需要刻意減少，才不會因為飢餓而吃下更多食物熱量。如此一來，只要能夠正確飲食，再加上運動與生活作息，健康瘦下來真的沒有你想像得那麼難。

胖子減重特別難？就從最簡單的入門運動開始吧！

很多人身材發胖之後，變得愈來愈懶得動，體能便快速退化。很多20幾歲的年輕人因為不常運動，身體年齡像是30、40歲！可是你知道嗎？要讓自己看起來年輕的關鍵，祕密其實就藏在——肌肉量裡！人體的新陳代謝會隨年紀增長而急速衰減，身體的肌肉量更是每年平均會流失1%以上！所以，如果不趕快調整回來，你就會提早面臨年老衰敗的可能。而維持肌肉量、保持年輕體態的不二法門，那當然就是：運動！

在輔導許多過度肥胖的人成功減重歷程中，他們一開始的共通點就是：心肺功能不好、體力也不好，往往踩個腳踏車不到10分鐘，就會腿抽筋、無力，哀嚎聲四起，連一向好勝、不認輸的大崢也不例外。

對於過胖的人，我不會一開始要求難度很高的動作，因為過度要求，反而會讓他們因為無法達成，而對運動產生排斥感。此時，我的訓練重點是：先加強體力，慢慢增加心肺功能，等到身體不再覺得無法負荷時，差不多也養成了動起來的習慣。這時，慢慢再加重動作強度，把體力往上提升，身體也能夠愈來愈健康，慢慢回復到身體應該要有的年齡，甚至更年輕。

一般來說，大約運動一個星期左右，就可以提升我們的心肺功能，但只是稍微提升而已，並不會有太大效用。我建議養成運動習慣基本要以三個月為標準，第一個月前半段先增強體適能、提升心肺功能；第一個月後半段再慢慢加入一些比較活潑生動的運動方式，增加運動的樂趣。到了第二個月，運動的強度便可以慢慢地、不費力地往上加強；到了第三個月，已經養成的運動習慣健身效果，就可以很明顯地看出來了。

透過運動的改變過程中，大崢終於理解自己從前故步自封的生活模式與觀念，不但阻礙了自己的學習與進步，無形中更因為無法接受他人的意見，而容易與人敵對。在打破了這些長久以來的觀念之後，大崢靠著正確飲食與運動，成功減重58公斤。更重要的是，他願意把心打開去嘗試許多新事物，開啟了人生更多可能。

芯妤教練 小叮嚀

學會改變，才是戰勝肥胖的開始

1. 運動過程讓人體會挫折並學會接受，願意承認谷底，才有機會爬上高峰。
2. 減肥不必節食挨餓，吃得正確、低卡、美味，也可以快樂健康瘦。
3. 不強迫自己做高難度的運動，先從簡單入門提升心肺功能，慢慢愛上運動。

肥胖心病 TYPE3　壓力無法排解型肥胖

靠吃來抒壓，只會陷入惡性循環

真實案例：NG 也是一種完美，辣媽愛的進行式
症　　狀：把所有時間投注在一件事上，不懂得經營自己，壓力
　　　　　無法排解而，讓肥胖上身……

家庭 vs. 自我無法平衡，是媽媽們的肥胖最大殺手？

很多女人歷經懷孕、生小孩的過程後，身材不自覺地發福一大圈，之後為了照顧先生、小孩，忙得不可開交，別說運動，可能連一點小小的自我時間都沒有！在我的學員中，就曾經有一位家庭主婦霞姊是這樣變胖的例子。

霞姊結婚約七年多，每天面對小孩及一堆永遠做不完的家事，原先職場上能幹的女強人，頓時生活變成了只有柴米油鹽醬醋茶的黃臉婆，無法從家庭主婦的角色中找到成就感，又得不到先生的關愛與感謝，嫁為人婦的喜悅很快就被沮喪給取代，霞姊的笑容愈來愈少，感覺自己愈來愈不快樂。

而每天為了生計打拚、早出晚歸的先生，覺得霞姊過得過於緊繃的個性，讓人吃不消。霞姊則是埋怨先生不如婚前體貼，將家事所有責任壓力都丟給她。夫妻之間的溝通不良與不知如何排解的家庭低氣壓，讓霞姊只好用吃來發洩，導致自己愈來愈胖，夫妻倆的婚姻也出現了危機。

霞姊的例子，讓我發現其實現在愈來愈多的家庭主婦好像都有著和霞姊一樣的問題。太太辛苦持家，先生在外打拚，當夫妻之間沒有取得很好的溝通平衡時，太太們就會

靠吃或生氣來抒解壓力，在不健康的生活循環下，讓自己像吹氣球一樣變胖。

　　在了解霞姊肥胖的壓力來源之後，我幫她設計了許多跟「做家事」密不可分的運動，例如煮飯時邊做吐氣、吸氣的腹部運動，或者是用水瓶當成啞鈴，做家事累時，趁休息空檔舉個幾組練手臂運動，讓平常缺乏活動的肌肉，隨著規律的動作，達到出力、微微痠痛的效果，提高心肺功能。就算每天再忙，也要強迫自己固定「擠」出半小時的時間，讓自己快樂地動起來，而不是心不甘情不願地做苦力運動。

　　我也鼓勵她經常使用「腹式呼吸法」來改善自己的壓力情況。吸氣時，由鼻子將空氣深深吸入，使肚子緩緩向外膨脹，再邊發出「ㄨ」或「ㄧ」的音，邊吐氣；呼氣時，張嘴將氣深深吐盡，肚子緩慢往內縮。腹式呼吸有很多好處，可以增大肺活量，比較不容易喘，呼吸道更通暢。現代人壓力大，很多人都有自律神經失調的症狀，因此多做深呼吸運動，能夠有效調節自律神經系統，幫助身心達到平衡的狀態，同時消除緊張壓力，而且還有很棒的幫助排便效果。

　　霞姊經過三個月的運動訓練，加上自己平日在家維持「家事運動」的成果，體重從97公斤足足減掉了36公斤，回復到婚前61公斤的身材！重點是，同樣做著一成不變的家事，但她卻能夠用不同的心態樂在其中。瘦身成功後，整個人個性變得更正面，連帶地家庭氣氛也更和樂開心，成為家中的發光體，老公甚至還不好意思地說：「好像跟霞姊又重新戀愛了一次！」

全家一起動起來，身心健康和家庭氣氛 up up 大提升！

有運動習慣的媽媽，一定是一個漂亮人妻、幸福媽咪，還會帶動整個家庭運動，而且全家也很幸福。而很多家長們都會期盼孩子長得高人一等，這時，除了補充營養外，其實鼓勵孩子多做運動也很重要。

身體的骨骼生長，有賴於運動的力量對骨骼造成刺激。運動時，肌肉會收縮，並且給骨骼組織發出信號，信號愈強，骨骼的生長反應愈大，所以經常運動的孩子能夠長得更高。運動也可以幫助孩子的智力發展，因為運動對大腦神經系統有全面性的提升，例如幫助記憶思考、歸納推理、想像力、協調組織能力等。經常運動也可以讓精神更鬆弛、性格更開放，並且培養孩子懂得堅持、將心比心的品格，從內而外其實都有非常好的提升效果。

除此之外，我還曾經幫助過一對母女一起上減重訓練課程，她們在相互砥礪之下，兩個人加乘的力量比一個人來運動效果更好，兩人不但都瘦了，從每天在沙發上吃垃圾食物的胖媽胖妹，搖身一變成為辣媽潮女，母女感情也變得更好了。爸爸看到瘦下來的母女倆比以前更多笑容、有自信，也感受到這種正向感染力，開始跟著一起運動、吃健康餐，全家的感情變得比以前更好。

這就是努力運動之後，所得到的收穫。你會發現，自己減掉的不僅僅是身上阻礙健康的肥肉，在過程中，對抗懶散、對抗沒自信、對抗沒耐心恆心的各種突破與決心，才是讓你能夠在瘦下來之後，重新創造快樂生活的能量武器。運動健康瘦身，得到的改變、收穫，真的遠遠超出你的想像呢！

芯妤教練
小叮嚀

靠運動正確抒壓，才能告別黃臉婆，瘦身當辣媽！

1. 誰說結婚有小孩就沒時間運動？利用家中隨手可得的道具，就能輕鬆做運動。
2. 轉換心態做運動，效果將會大大提升。同時全家健康快樂，氣氛更和諧溫馨。
3. 學會正確抒壓和學習溝通，才是避免壓力肥胖的最好方式。

肥胖心病 TYPE4　貪圖享受型肥胖
備受呵護的「媽寶」，最容易找藉口放棄

真實案例：胖嘟嘟不是喜感代名詞，小胖重生記
症　　狀：非常善待自己，受不了一點點壓力與辛苦，只要覺得
　　　　　難受就會找理由大吃大喝而讓肥胖上身……

王子／公主不是病，懶成習慣卻會要了你的命！

　　你應該聽過一種人會把「能吃就是福」「可以躺就不要坐，可以坐就不要站」掛在嘴邊，認為凡事最好都不要太辛苦，應該要善待自己才是「愛自己」。如果你身邊有類似或你自己是有這種症狀的人，那可要小心，你可能患有「生活習慣病」，嚴重的話甚至還可能會致命喔！

　　有個醫學術語叫「生活習慣病」（Lifestyle Syndrome），是指吃進太多熱量，吸收過量的飽和脂肪、鈉和酒精，卻沒有消耗足夠的熱量（不活動、缺乏運動），所引起的疾病和健康狀況。生活習慣病所表現出來的症狀包括：肥胖、高血壓、新陳代謝綜合症、血脂肪症、心血管疾病、骨關節炎、憂鬱症、性功能障礙和第二型糖尿病等，嚴重的話，可是會危急生命的呢！

　　在我輔導過的學員中，最胖的學員阿澤體重重達201公斤，足足是一般正常男生的2、3倍體重！從小就愛吃不愛動的他，最後甚至吃成了病態，肥胖程度連呼吸時都感覺快喘不過氣，連站著都會流汗、疲累，非常吃力！因為他全身都是脂肪，沒有肌肉，肌耐力等於是0。沒有肌肉來支撐全身重量，身體就像是被好幾團肉包圍起來，反而呈現一種弱不禁風、隨時都會倒下去的感覺，讓旁人看了都覺得非常可怕、有負擔。

　　針對阿澤這類型的重度肥胖者，適度地給予壓力、陪伴他們堅持運動下

去，絕對是減重的不二法門。剛開始他們
會找盡各種理由推拖不想運動、做不到你
指定的動作，此時我會採取「寧願辛苦一
下子，不要痛苦一輩子」的精神喊話方式
來幫助他們堅持下去，因為他們習慣以自
己最舒適的方式生活，一旦碰上辛苦減重
或感受壓力，非常容易又會選擇靠大吃大
喝來填補受傷的心靈。因此，可以從簡單
易做的運動方式讓他們先「享受」到瘦下
來的成就感，循序漸進誘導，才是讓這類型人慢慢健康瘦下來的正確之道。

胖胖的人才有福氣？請好好學習真正的「愛自己」！

　　在老一輩人的傳統觀念裡，覺得「胖胖的才是有福氣」。但到了21世紀，
如果你還有這種想法，那可就落伍了！以前農村時代生活困苦，每天三餐溫飽
很不容易，能吃飽是件奢侈的事。但現代社會物資豐富，「吃」已經成為最基
本的生活條件，很多人反而因為吃進太多熱量、吃太精緻，而導致過胖問題。

　　我遇過不少學員，都是從小被長輩伺候得很好的「媽寶」，因為阿嬤、媽媽
都說胖胖的很好、很福氣，因此反而養成像阿澤這類型的人，即使愈吃愈胖，也
繼續「自我感覺良好」，一直到身體健康出狀況，才開始正視減肥的問題。

　　「媽寶」型的胖子，因為長期被家人
捧在手掌心呵護，很多人都毅力不足、做
事只有三分鐘熱度，所以在減肥時特別不
容易。尤其面對運動強度增加時，會想一
些投機、偷懶的辦法，例如：嚷嚷著自己做
不到，或是假裝跌倒，來博取教練及其他學
員的同情。我還記得，有一次阿澤又想偷懶
不練習，甚至還負氣離開健身房，說出「再

也不要運動了！」的氣話，在還沒戰勝肥胖之前，就等於提前認輸，繳械投降了。這樣沒有勇氣接受改變的辛苦、找一堆藉口來自欺欺人的行為在我看來，簡直就是減肥的大忌！

我常跟「媽寶」型的減重學員說：「你們的愛自己，其實都是在害自己。假如你們願意認真運動的話，瘦身成績絕對不會只是如此！」

以阿澤的例子來說，雖然他偶爾會耍心機偷懶休息，但在減重團隊的陪伴鼓勵之下，三個月持續運動下來，他的體重也從201公斤瘦到了154公斤，足足有47公斤這麼多！倘若他認真扎實運動，成績絕對可以再更好。只要對自己有信心，誰都可以像他一樣做得到！

所以，假如你也是像阿澤這種王子／公主類的貪圖享受型人，一定要正視自己的問題，不要再用「胖胖的很可愛」來自我催眠了。趕快鼓起勇氣改變，你也可以瘦得更健康、不會再復胖！

芯妤教練
小叮嚀

打破找藉口的壞習慣，不過度貪圖一時享樂就能瘦下來！

1 可以躺就不要坐，可以坐就不要站，過度善待自己，小心胖出一堆病。

2 被家人呵護的「媽寶型」肥胖，一定要突破扭轉「胖胖也很好」的迷思。

3.隨時對自己信心喊話、堅定信念：寧願辛苦一下子，不要痛苦一輩子。

肥胖心病 TYPE5　自暴自棄型肥胖

堅持才能擁有，你可以有更好的選擇

真實案例：親愛的，我的新娘不是你
症　　狀：心中懷著挫敗陰影，對自己極度沒自信，因此自暴自
　　　　　棄而讓肥胖上身……

胖胖女外貌慘遭嫌棄，發憤圖強甩肉大進擊！

　　雖然，這並非完全是外貌取勝的年代，但不可否認的，外型好看的人，不論在職場上或愛情上，都還是比較吃香，過得會比較順遂。我也曾看過一則電視報導指出，外型肥胖的人在談戀愛、選擇對象時，會比身形纖瘦的人吃虧。這個血淋淋的事實，曾經發生在我自己身上，但最誇張的例子，則是我的一位減重學員大蘋果。

　　大蘋果其實是個五官非常好看的女生，無奈因為體重過胖，導致她雖然年紀輕輕，看起來卻非常老態，而且即使脾氣再好、個性再好，但每次在朋友介紹的戀愛相親場合中，總是被對方委婉拒絕，以吃閉門羹收場。

　　大蘋果的父母因為老來得女，所以對她非常寵愛，但也非常擔憂，深怕女兒日後無人可以依靠照顧，因此便四處托人幫她相親，甚至還拿出了家裡的房地產，希望能以優渥條件把女兒順利託付，沒想到……在媲美「101次求婚」的第N次相親時，對方還是一口拒絕，甚至傷人地說出：「對不起，你真的太胖了！我不能娶這麼胖的老婆！」

　　這件事對大蘋果的打擊非常大，自此之後她更自暴自棄，覺得人生無望，開始毫無節制地大吃，直到連一向寵愛她的媽媽也看不下去，痛斥她該減肥，她才哭著跑來找我，說出她心裡真正的渴望：「芯妤教練你幫幫我，我真的覺

得胖得很痛苦，我想要變瘦變美嫁出去！」

當一個人跌到谷底，終於意識到自己需要改變時，那就是她要變好的開始了。我其實在心裡很為大蘋果感到開心。因為，她有了想要改變的動力。

連自己體重都控制不了的人，將無法主宰自己的人生！

在了解了大蘋果的沒自信之後，我為她訂定了幾組非常簡單的動作，讓她從可以做到這些動作而產生自信。但是，隨著她可以做到的動作與組數愈來愈多之後，我開始增加動作與時間，此時她心裡的恐懼又開始拉扯。讓我印象深刻的是，她在一次健身球運動時，非常害怕會從球上掉下來，因此開始生氣鬧彆扭，因為她覺得我在逼她「做她絕對做不到的事」。

看著眼前滿臉是淚的她，我只是對大蘋果說：「如果妳連自己的體重都控制不了，又如何能控制愛情呢？」我希望讓她知道，如果能夠成功管理自己的體重，即使沒有對象結婚，她的人生也可以變得獨立自主，能夠開心正向的生活。當你懂得控制自己的體重之後，你會發現：自己人生的自主性也變得更大了！

思考過後，大蘋果還是願意繼續挑戰。而且透過運動，在減重的過程中，她克服了肥胖時的自卑感，增加了很多自信。因為運動時，人的腦中會釋放「多巴胺」的神經傳導訊號，讓人感到快樂。我發現很多胖子的快樂、自信因子都被脂肪包住了，讓很多肥胖的人不敢做、不敢追求成功，是因為他們覺得自己不配，他們在長期被嘲笑的眼光下，已經自我封閉太久了。但事實上，沒有甚麼事是你不配獲得的，只要你努力去做，任何事都有可能完成！

大蘋果瘦下來後，變得更有型、漂亮了，增加了很多選擇愛情的機會，不用再不停地相親、把自己推銷出去。更重要的是，她的人生也因為變得開朗有自信，而不再只有一種愛情的選項。懂得自己要什麼，一個人也可以過得很開心，這可是一個運動減重改變人生的奇妙轉變呢！

芯妤教練
小叮嚀

甩掉肥肉恢復自信，人生從黑白變光明！

1. 不要害怕跌到谷底，那才是讓你改變的契機動力。

2. 連自己體重都控制不了的人，將無法主宰自己的人生！

3. 運動可以改變人生，懂得自己要什麼，一個人也可以過得很開心。

瘦身沒有捷徑，只有循序漸進

在減肥實境節目裡，我用了3個月的時間幫10多位重量級參賽者成功瘦身，他們瘦掉的公斤數加起來甚至有222公斤，這是多麼驚人的數字！而除了他們之外，平常持續上健身房做瘦身減重運動訓練的學員，只要按照我的步調一起前進，6週健康瘦下10公斤也不是問題。

很多人看了電視節目或減重學員的資料後，會不可置信地問我：「怎麼辦到的?!」我還是得重申：「減肥的不二法門，就是持續運動＋正確飲食＋正常作息。」只要有正確的觀念，再配合對的方式，你最在意的體重和人生就會開始產生大幅度的改變，幫助你找回信心，變得更快樂，身心靈都愈來愈健康。

很多人無法成功瘦身，通常是因為覺得瘦身很累很辛苦，於是想用「走捷徑」的方式快速瘦下來，但是方式不對，瘦下來的通常也只是暫時的水分，或者更容易復胖，於是反覆在瘦身和變胖之間拉扯，非常累人。

對於從來沒有運動習慣、飲食不正常的人來說，我知道開始減重這條路真的不簡單，即使是再簡單的甩手、抬腿動作，很多肥胖者一邊做一邊哭，嘴裡抱怨著各種藉口、退縮的理由，中途撐不下去退出的也大有人在。但讓我最欣慰的是，只要他們突破種種的心理障礙之後，隨著訓練難度愈來愈強，所有阻礙自己前進的理由一個個消失，取而代之的是，是不斷挑戰自己變得更好的極限！

瘦身本來就不是一條簡單的路，需要時間持續進行。但當你撐過去，把這種健康的生活方式「內化」成生活的一部分時，你將會擁有幸福、健康、不怕挫折的人生。有句話說：「流淚撒種的，必歡呼收割。」我認為，只要你願意努力，健康和肌肉也不會背叛你，它給你的是絕對的回饋。生活中很多事情，就算投入一百分努力，也不見得能每件事都有回報，但減肥的成效，你一定能夠看得見。

一路走來，我和減重者在健康減重這條路上都還在不斷學習。我從肉肉的小胖妹瘦了下來，成為專業健身教練，轉而幫助更多人。我希望分享自己成功瘦下來的「健康瘦身」觀念和作法，讓渴望擁有健美體態、健康生活的人，一起品嚐改變的喜悅。跟著芯女神，一起出發挑戰吧！GO！

[肉肉女變人魚！]

健康運動改變體質大作戰！

在擁有現在的勻稱身材之前，其實我也有過一段恐怖的「發福歲月」。每天大吃大喝的生活，最後竟換來我因為肥胖而變得不快樂。為了健康、為了美麗，我下定決心改變，終於，從56公斤的肉肉女，變成現在有人魚線的健身教練……

人胖容易顯老，20幾歲竟有「大嬸」味

在我變成現在身材勻稱、線條緊實的健身教練之前，其實也有過一段不堪回首，20幾歲卻飄著30幾歲「大嬸」味的老態歲月。

剛出社會時，我跟很多愛漂亮的上班族女生一樣，每天把自己妝扮得美美的，下班就跟同事朋友相約一起吃吃喝喝、唱KTV，每天過得無憂無慮又愜意開心。而原本就屬於易胖體質的我，在缺乏運動又每天不忌口地狂嗑美食、狂喝酒應酬情況下，體重迅速上升，雖然不至於胖到太過離譜，但肉肉的身材就是怎麼照相怎麼嫌自己不好看，就連花錢買昂貴的衣服來打扮自己，也會覺得衣服穿在自己身上襯托不出質感；就算再怎麼化妝修容，也會覺得自己的臉很大，相對地眼睛看起來更小，對自己不滿意的沮喪心情，甚至一度讓自己看到相機就想逃，沒自信的程度，更讓我對人群產生了恐懼。

朋友因為怕我傷心，常說一些善意謊言來安慰我：「你不胖啦！肉肉的也很可愛啊！」「你這種size的女生還是受歡迎……還是很漂亮啦！」但有些為了我好的姊妹淘，則是半開玩笑半認真提醒地幫我取了「胖胖魚（妤）」「小叮噹」的綽號，讓我看清人一變胖臉就會變大、眼睛就會變小的事實。尤其那因為胖而顯老的體態，更讓有些人直接喚我「大嬸」，恨得我超想鑽個地洞藏起來，把身上多餘的肉就此掩埋，不再出土嚇人。

當時超級沒自信的我，每天都陷在負面情緒裡，覺得自己穿衣服不好看、不開心、不想拍照、不想跟朋友出去，加上那無法控制的愛吃食欲，導致自己變得更自卑，覺得自己年紀輕輕就胖成這副德性，等到年紀再大一點，代謝率變得更差時，情況一定會更慘，我美好的未來人生該不會就這樣被肥胖給毀滅了吧?!

不過，當時我也意識到一件事，就是如果連朋友都這樣說我，那代表其他人眼中的我一定也是這樣胖胖圓圓的！再加上當時所拍下的每一張照片都讓我覺得自己醜到不想再多看一眼，於是我很有自知之明地警惕自己一定要趕快改變，趕快找方法瘦下來。與其整天躲在家裡自怨自艾，還不如動起來努力改

變，尤其愛美是女生的天性，我也想要變得漂亮，變得更自信美麗。

有了這樣的念頭之後，我想起身邊許多從事健身工作的朋友，於是開始跟著他們一起運動，並且成功瘦身甩肉，回復到之前纖瘦勻稱的身材。我甚至還因為愛上了運動，而後轉職成為健身教練，自此以為肥胖可以從此遠離，沒想到卻大錯大錯，我後來竟然胖到比之前「胖胖魚（妤）」「小叮噹」時期更圓潤，體重直逼56公斤，距離現在最瘦的47公斤，足足多達10公斤！！那10公斤的肥肉，對任何人來說，都是超晴天霹靂的打擊！

錯誤觀念一吃成千古恨，當健身教練仍然肥肉上身！

從事健身教練瘦下來之後，我又開始回復不忌口、大吃大喝的日子。當時仗著自己從事專職教練這一行，只要多運動一定就會瘦下來，因此每當遇到男教練們要參加比賽，開始忌口控制熱量時，我就會主動跳出來自願當大家的食物回收桶，以美食不要浪費的名義，通通來者不拒吃下肚。我還記得，當時工作的專屬置物櫃裡只要一打開，一定全都塞滿了零食，充當我止飢或是打發時間的點心，因此，在這樣毫無戒心的大吃大喝之下，等到驚覺自己身上早長滿了一圈肉，為時已晚。

但可怕的是，當時我並沒有立刻踩煞車停止，還趁著工作休假空檔跑去澳洲玩，繼續恣意享受人生。去澳洲之前，其實我已經開始在發胖了，但因為那裡的東西實在太好吃了，所以盡管知道食物熱量高得嚇人，我還是把「肥胖」二字遠遠拋到腦後，繼續肆無忌憚地大啖美食。再加上放眼望去，眼前全是誇張脂肪型肥胖的外國人，身處在那樣的環境，即使明知自己是個胖子，也不覺

得自己有多胖，甚至覺得跟他們比起來，自己的size根本是小巫見大巫，因此更是沒有危機意識地猛吃。

　　回國後碰巧又是公司尾牙大日子，我繼續放縱地吃，加上那陣子自己的感情生活有點觸礁，因此我將精力全部都轉移到美食上，每天在臉書PO自己到處跟美食約會的幸福畫面，用快樂吃美食的情境來自我欺騙，最後不但沒有得到幸福，倒是換來了一身「幸福肥」。好不容易甩掉的肥肉再度上身，也才讓我驚覺，真的不要自以為條件好就可以這樣放縱自己，尤其隨著年紀漸長，新陳代謝下降更是容易「一吃足成千古恨」，導致悔恨下場。

健身會讓身材比例
有明顯的差別

BEFORE　　　　　　　AFTER

中等美女 Bye-Bye，甩開肥胖創造幸福人生

　　有了幾次減重、復胖的反覆經驗之後，我決定徹底告別肥胖人生，把自己從易胖體質變成易瘦體質，不再過著重複減肥的日子。

　　若要嚴格說起來，那時候的我跟一般女生比起來，其實並不算胖，頂多是臉蛋、四肢看起肉肉的，小腹微凸，用衣服穿搭巧妙遮掩，就不會太明顯。換個方式來說，我是那種大家可能會覺得這女生長得不錯，身材曲線不會不好，但也絕對不是那種會被稱讚曲線很好的類型。大概就是一般所謂的「中等美女」的普通等級。

　　由於對自己沒自信，所以對自己也永遠不會滿足。只要覺得身上哪裡好像多了一塊肉，看起來胖胖肉肉的，就會開始拚命減肥，對於體重機上的數字更是斤斤計較，在飲食上也展開痛苦的飲食控制。事實上，鏡子前面的你，真正要改變的不止是體重機上的數字而已，而是飲食習慣與生活態度。只要能夠養成良好的運動習慣，再加上正確飲食，就能改善脂肪多、肌肉少，讓你看起來胖胖的、肌肉鬆鬆垮垮的作祟曲線。因為肌肉緊實有彈性，看起來比實際年紀年輕。不管穿什麼衣服，即使便宜也能穿出獨特的品味與風格。

　　在還沒下定決心徹底改變自己的體態之前，我也曾經陷入這週減肥、下週不減的無止盡狀態；儘管耳邊不時聽見安慰自己不用太在意的言語，但想要變得更好的動力，依然驅使著我努力減肥。付諸行動實際改變之後，瘦下來的我不但從事健身教練工作變得更有說服力，連業餘的網拍模特兒兼差工作也陸續找上門。除此之外，人際關係也變好，尤其是異性緣。

　　雖然胖胖時也有人追求，但瘦下來後確實更多人喜歡了。比起從前胖的時候，瘦下來後實際

邀約的人變得更多了，這些都是很現實的結果，也是瘦下來之後生活明顯的改變。最可貴的是，人會因此變得更有自信、更開朗，發自內心的笑容，跟從前「一切一定會愈來愈好」的自我催眠大不同，你可以輕易區別出自己的不一樣之處，發現自己原來可以這麼好，這些都是改變生活習慣、持之以恆運動之後所帶來的收穫與改變。

尤其，得到同性之間的認同更是一件令人開心的事。她們會因為你的改變而向你請教如何變美變瘦。藉由分享，你可以影響更多的人一起往更好的方向前進，那樣的成就感，是從前胖胖肉肉自卑的我根本想像不到的結果。

健康瘦下來之後的另一項大改變，就是你能夠明顯發現體力變得比以前好，不同於胖的時候走幾步就會喘，因而不喜歡走路、變得愈來愈懶，甩掉負擔後行動變得較快，心肺功能更好！重點是減掉脂肪、增加肌肉之後，身材曲線也會將你的身材比例雕塑得更完美，小腿更細、大腿更修長，女生最在意的胸部、臀部、腰部曲線也會看起來勻稱，成為大家口中的性感女神。顛覆傳統觀念中大家覺得運動的女生像男人婆，一點都不性感的刻板印象。

懶女人瘦身福音！泡香氛浴或溫泉也能美美瘦身！

台灣人很愛泡溫泉、做蒸氣浴、洗三溫暖，甚至還有人認為泡一泡就可以消耗卡路里，達到減肥的功效。這一點我雖然持保留態度，但在之前的瘦身過程中，的確也很愛泡溫泉或香氛浴，因為42-43度的微熱水溫，泡上25--30分鐘左右，藉由汗腺排汗可以消耗300大卡，等同於慢跑一小時的效果，以瘦身效用來

說也算小有幫助。而且高溫除了排汗有助代謝之外，在水中加入2匙粗鹽後，因鹽具有滲透壓的關係，所產生的水壓還可以幫助雕塑下半身曲線，以及改善循環不良所造成的虛胖、體質虛寒而堆積的水氣，幫助有效排除下半身多餘水分。

即便不是為了瘦身，泡澡或泡溫泉對女生而言，也是一項非常棒的美容保養。水質裡的豐富礦物質，不但能清潔肌膚，讓肌膚光滑柔嫩，還能消除疲勞、有效舒緩肩膀痠痛，改善手腳冰冷的症狀。另外，泡澡時也可以幫助皮膚打開毛孔，讓汗腺通暢，促進新陳代謝之外，因為心跳加速、調整呼吸也能訓練心肺功能。因此，泡熱水澡雖然不能當作瘦身的唯一辦法，但作為運動後的輔助活動卻是非常棒的選擇，也可以說是懶女人們瘦身的一大福音！

直到現在，我在每次運動、痛快流汗之後，也都會習慣洗個舒服的熱水澡，讓已經打開的毛細孔獲得舒緩，並且一邊敷臉，補充肌膚流失的水分。泡個15-20分鐘之後，趁全身毛孔還張開時，趕快擦上保濕乳液，避免皮膚乾癢。平常，我會在睡前2、3小時泡澡，再做一下伸展瑜伽、聽聽心靈音樂，讓白天煩擾的事情隨著放鬆的情境慢慢沉澱，一整天的疲勞，就在這舒適的感覺中得到完美釋放，更好入睡，比花錢按摩的效果來得更棒。而且，泡澡後就寢前做一些伸展操，還能幫助我們平日運動的線條不結塊，變得更美唷！

不過要提醒的是，為了避免泡澡時血液循環過於旺盛，導致虛脫現象而暈倒，泡澡前可以先喝兩杯溫水，並且在過程中持續補充水分；而禁忌的泡澡時間則是在飯前、飯後30分鐘內，以及飲酒後也不要進行，並且泡完起身後要盡快擦乾身體，免得因為吹到風而感冒。另外，泡溫泉、蒸氣浴的溫度通常會太熱，很容易帶走皮膚表皮層的天然保濕因子及皮脂，破壞皮膚天然的保護屏障，因此不建議經常進行。在家泡澡或「足浴」是比較好的選擇，水溫大約42-43度左右最適合，泡的時間不可超過30分鐘，以免因為泡太久造成身體血管過度擴張，心臟和大腦的血液供應減少，容易有缺氧、頭昏，甚至昏倒的危險，愛美瘦身之餘，也要小心注意安全喔！

運動是門人生管理學，讓人從內而外自信重生

　　從56公斤到47公斤，其實我改變的不止是重量跟體態而已，連心智、心態、脾氣，以及體能狀態也都不一樣了。

　　以前的我，會花很多錢買穿漂亮衣服穿，買昂貴的化妝品、保養品來讓自己變漂亮，但心裡始終還是不開心，因為胖胖的我依然沒有自信，甚至因此憂鬱而恐懼人群。但接觸運動健身後，我開始變得愈來愈快樂，也才知道原來從內在改變才是最根本的。運動對我來說，已經不只是一項運動而已，更像是一門人生管理學。

　　在運動的過程中，我體悟到一個人的漂亮，不是靠化妝、衣服這些外在方式讓自己變得更美，而是從內而外的本質經營，讓自己健康瘦下來後變得開心快樂。改變看事情的角度，你能夠發現自己更多潛能與優點，就算沒有漂亮衣服和化妝品，你也能自信地活出更棒的自己。

　　而且，我也不再像從前一樣緊盯著體重機上的數字而緊張，真正健康瘦下來後養成良好習慣，其實可以輕鬆地維持，透過「照鏡子檢測法」來保持良好的體態即可。比起站上體重機秤重，鏡子其實才是檢測肥胖的最佳標準。因為當肌肉量提升、體脂下降時，身材的曲線就會顯現出來，因此常透過鏡子來檢視自己的身材哪邊需要修正，就加強雕塑該部位；就算夏天要到海邊衝浪，也只要加強腹部肌肉雕塑，就能夠穿上比基尼展現你迷人的曲線。

　　「健康瘦身就像是沒有動刀的整形！」我常對學員這麼說。我靠著運動訓練甩掉了10公斤的肥肉，並且改變了自己的沒自信，走出一條完全不一樣的人生道路。所以，請你也不要再用白白胖胖＝好命＝可以福氣嫁個好老公、娶個好老婆這樣的宿命論，來束縛或欺騙自己了。好命人生跟身材胖瘦沒有絕對關係，但幸福人生則絕對要擁有健康的身心。只要能夠拋開所有錯誤觀點與迷思，你也可以跟我一樣改變命運，健康樂活。

[解開身體關鍵密碼]

你最容易忽視的胖瘦迷思與警訊

想要成功地瘦下來，除了用對方法之外，同時也必須要有正確的觀念及應對措施，才能夠在第一時間了解身體發出的警訊，用對的方式來改善、處理。只要能在黃金時間緊急救援，並且拋下錯誤的迷思觀念，你就又往成功減重更邁進一步了。

忽視水腫警訊，
錯失變胖前的改變契機

　　當我們攝取的飲食口味太重，喜歡吃重鹹、重油、高糖分，這時會造成腎臟負擔過重，若加上日夜顛倒的作息、缺乏運動新陳代謝變差、長時間處於同姿勢造成血液循環不好、攝水量不足或是睡前攝取過多水分等種種原因，都會造成身體水腫。

　　水腫的人，因為活動力下降，會造成肌肉鬆軟不緊實，按壓小腿內外側會有壓痕，也有明顯的壓痛感；早上起床時，臉部也很容易浮腫，經常掛著一對驚人的「泡泡眼」。有些水腫情況比較嚴重的女生，在月經前後或同一天的上午及下午等時段，體重還會出現大幅落差，身體甚至因為水腫而感到痠痛。

　　如果你也有上述的困擾，那麼就要特別小心了！一旦出現水腫情況，代表你的代謝系統出了狀況，開始要變胖了。這是一個很重要的警訊！有些人水腫是因為生病，但一般人大多是新陳代謝不好造成的。雖然有人會利用喝黑咖啡、按摩等方法來消水腫，但那些畢竟是治標不治本，臉或許可以暫時小一些，但終究還是會再胖回來，身體的脂肪型肥胖本質，還是依然存在呀！

　　有水腫問題的人，因為平常的活動力不足，所以體內沒有足夠的能量來消耗熱量，即使吃很少，還是容易發胖。我建議，容易水腫的人一定要加強活動量來幫助血液循環。每次運動一定要做心肺有氧運動至少30分鐘以上；前20分鐘暖身可以排出來水分跟肝醣，但是身體開始啟動機能作用，會是在20分鐘之後，所以正確來說，運動通常要做40-50分鐘才會真正有效，達到排水、燃燒脂肪的效果。

改善方案 SOS！緊急救援消水腫大作戰

這裡教大家幾招消腫按摩、消腫運動，以及消水腫食材，保證讓美眉們可以快速消水腫喔！

消水腫大作戰

一、按出小臉蛋

1.雙手手心互搓溫熱後，將雙掌由鼻翼兩側往外推開。

2.由額頭中間按揉向外至太陽穴，有助於血液循環。

3.雙手食指及中指沿著鼻翼兩側，由上而下按摩3次。

4.用拇指與食指捏起眉毛下方的肌肉，由眉頭捏到眉尾，可減輕上眼皮浮腫狀況。

5.無名指同步按摩雙眼。輕揉眼睛四周，有助消除浮腫、黑眼圈。

6.以中指及無名指，從顴骨上方向外按揉至太陽穴。

7.中指及無名指從下巴正中間，沿著下嘴唇按摩到耳朵下方。然後按揉臉頰，可消除浮腫，預防臉部鬆弛。

8.中指及無名指輕壓髮際至太陽穴，然後右手由左耳往下輕撫到左肩，再用左手輕撫右側同樣部位，幫助淋巴循環順暢。

二、捏出緊實身

　　除了進行簡易的消腫運動外，也可為雙腿的穴位進行輕柔的按摩，藉以減輕水腫的情況。從腳踝開始，慢慢向上移，用拇指指腹按壓，按到感覺微痠的地方，停留30秒。休息一下後，重複按10次，再換別的部位，幫助消水腫。

三、動除浮腫腿

姿勢①

1. 手腳垂直站立。
2. 背部緊靠牆壁，提起腳尖，用力讓身體向上抬。

姿勢②

1. 坐在平穩的椅子上，雙手靠於椅子旁支撐上半身，雙腳向前伸直，腳尖向內呈八字形。
2. 再次將雙腳向前伸直，腳尖向外呈V字形。

四、吃出輕曲線（消水腫食材）

蘋果、木瓜、西瓜、奇異果、薏仁、芹菜、蒟蒻、紅豆、冬瓜、黑咖啡、無糖茶、大白菜、花椰菜、椰子水、玉米鬚水、香蕉、葡萄柚、番茄、白蘿蔔。

這些都是可以幫助身體排掉多餘水分、消除水腫的水果、蔬菜、飲品，當身體感覺水腫的時候，可以多食用，幫助身體看來緊實又美麗喔！

芯妤教練
小叮嚀

消水腫最佳 4 個小祕訣

祕訣 1：規律生活作息不熬夜
祕訣 2：享受健康美食口味清
祕訣 3：保持運動習慣不間斷
祕訣 4：放鬆香氛泡澡循環好

水，是健康排毒與瘦身的關鍵祕密

　　人體的組成有70％都是水，人體內的所有細胞也都需要水分來運作。身體想要排毒、代謝……這些全都必須靠水分來協助完成，因此，水對我們來說，實在是太重要了！

　　在人體當中，腎臟是很重要的排毒器官之一，它會把體內的毒素分解後，透過膀胱轉化成尿液，或藉由皮膚的排汗，將不需要的廢物及毒素透過細胞輸送，排出體外。因此，如果沒喝足夠的水，細胞就會沒辦法正常新陳代謝，一旦排汗、小便量都不足夠，身體反而會累積毒素，肌膚也會變得暗沉、沒有彈性。

　　水對於正在減重的人來說，更為重要。在運動時，身體會大量流汗，因此我們更需要補充水分，才不會造成身體脫水。有些人誤以為脫水會讓身體看起來變瘦，因此減少喝水量，但一旦出現脫水現象，反而造成了身體的負擔。而且只要一補充水分，體重便會立刻回升，所以少喝水並不會讓人真的變瘦！

　　我常常提醒來健身房運動的學員們：「喝水、喝水、再喝水！」因為運動時一定要補充足夠的水分，千萬不能等到口渴才喝水。適時地補充水分，才能把水分往皮膚輸送、補充，透過排汗及上廁所，才能夠幫助身體排毒。水喝得夠，尿液會呈現清澈、無臭味的狀態，這才是健康的狀態，也才不會讓毒素累積在體內。

　　正確喝水除了可以排毒，讓身體健康瘦下來、皮膚光滑美麗之外，還有抒解情緒的作用喔！例如當心情焦躁、大腦昏昏沉沉，沒辦法清晰思考的時候，可以喝一杯溫水，深呼吸緩和一下心情，讓身體各個器官得到水分滋潤，特別是提升腦部運作更為有效！幫助昏沉腦袋重新理出思緒。因為當我們身體

缺水時，會造成血液黏稠、循環不佳，細胞若無法獲得足夠的氧氣和能量，腦袋當然也會變遲鈍。所以，千萬別小看一杯水的力量，喝對時間、喝對水量，就能夠給予身體良好的機制運作，讓身體更健康。

而什麼才是最恰當的水溫？一般來說，我建議喝跟室溫差不多的水或溫水比較好，盡量不要喝冰水，因為常喝冰水或冰的飲品，身體內臟的血管會處於相對收縮的狀態，降低新陳代謝率，影響減重的功效，也會影響胃腸道的消化和吸收功能，降低身體防禦疾病的能力等。

所以，即使天氣再熱、運動完滿身大汗，想喝來杯冰涼的水或飲品暢快一下時，勸大家還是要忍忍口腹之欲，才能讓減重事半功倍，打造出健康不生病的身體。

改善方案 喝水也有時間和定律，喝對才會有助益

水是構成人體的主要成分之一，身體的血液循環、器官運作、消化系統、排毒都要靠水才能夠完成。但是，水並不是喝愈多愈好，而是要喝得適當、分次喝，而且還要喝對時間！

一般來說，成人一天的喝水量是體重×30C.C.。舉例來說，50公斤重的女生，一天的喝水量大約是1500C.C.，而體重75公斤的男生，一天也至少要攝取2250C.C.的水量。除了喝水之外，我們每天吃下的食物當中也含有水分，像湯、蔬菜、水果等，已經有一定的水分含量，因此，喝水量是大約的參考值，必須考量每個人不同的活動量、食物攝取習慣及天氣做調整。通常天氣熱的時

候水量可以多喝一點，而氣候寒冷的冬天則稍微降低一些。

　　另外就是喝水的方式。我建議大家喝水要「分次喝」，把水量平均分在早上起床、中午、下午，不要一次灌太多，以「平均補水」的概念，分次把水量喝完。最重要的就是：絕對不要等到口渴才喝水，因為當你感到口渴時，這時身體已經缺水一段時間了！

　　最好的喝水速度，應該是一小口一小口接著喝，而且在口中含一會兒，就像在口中咀嚼一般，才能達到身體吸收水分的效果。喝水千萬不要一下子喝一大口，尤其是剛做完大量運動的人，一下子灌一堆水，喝得太急太快的結果，會把很多空氣也一起吞下去，容易引起打嗝或是腹部脹痛。而且一口氣喝太多水，血液濃度一下子被大量稀釋，也會造成器官運作的負擔。一般來說，每小時的喝水量不要超過1000 C.C.，是最理想的喝水量。

　　有兩個時段是特別適合喝水的時間：早上7-9點、以及下午3-7點。早上7-9點通常是一般人剛睡醒的時間，起床後喝溫水，可補充睡眠時身體所蒸發掉的水分，促進腸胃蠕動，也有助於肝腎解毒。而下午3-7點則是膀胱和腎的排毒時間，這段時間喝點水，可以讓身體保持活絡，避免下午容易昏昏沉沉、辦事效率不高，久坐的上班族們更要把握在這時間內多喝溫水！

　　至於晚餐過後，就要降低喝水量，別再猛灌水了。尤其睡前讓身體進入休息狀態，才不會影響睡眠品質，甚至導致隔天「泡泡眼」的情況發生喔！

芯妤教練
小叮嚀

一天喝水量計算方式：體重（公斤）×30C.C.
最佳飲水時間：AM7:00-9:00、PM3:00-7:00

體重機上的數字，是減重成效的指標？

你會為了每天早上起床瘦了1公斤而開心不已、胖了0.5公斤就趕快節食嗎？快拋開體重迷思，別再斤斤計較了。你應該追求的是「體脂率」，也就是脂肪占身體的比例，而不是體重機上的數字而已！

不知道你有沒有發現，有些人身高、體重明明一樣，給人的視覺印象卻不同，這是因為脂肪的體積比肌肉大，所以「體脂率」高的人，會讓人有一種鬆鬆垮垮的虛胖感；而身體脂肪較少的人，看起來比較結實。因此，想要讓自己看起來精瘦，一定要運動。運動可以讓你的肌肉量提升、體脂下降，身材的曲線才會顯現出來。

我很鼓勵大家經常照鏡子，因為，比起站上體重機秤重，鏡子才是檢測肥胖的標準，而且最好能脫光衣服照鏡子，不要害羞地東遮西掩！看著鏡子前裸體的自己，才會知道身材哪邊需要修正，並加強雕塑該部位，藉由運動來調整肌肉與脂肪的比例分配。不管是想跟蝴蝶袖說Bye-Bye，還是想消除小腹，都可以透過運動，練出迷人曲線，這才是真正寵愛自己的最佳方式，而不只是藉由美食吃吃喝喝來犒賞自己，不但換來一堆肥油，還危害身體的健康。

了解肌肉與脂肪的比例，打造不復胖身體密碼

有心減重的人，除了留意體重變化外，更要注意「體脂率」！同樣重量的肌肉和脂肪，看起來的密度差別很大。減肥的重點，是幫助身體減少脂肪、增加肌肉，看起來才會結實，並讓你更健康。因為肌肉對人體很重要，可以支撐脊椎、骨骼的力量，分擔脊椎的壓力，如果沒有肌肉，做很多動作會「肌耐力不足」而導致受傷，一旦有肌肉來幫忙分擔身體重量，就不容易受傷。

那麼，要如何增加肌肉、減少脂肪呢？必須靠運動來達成！心肺有氧的運動項目，可以提升身體的基礎代謝率，並燃燒體內多餘脂肪。當身體各部位的肌肉群透過運動被鍛鍊後，每塊肌肉能夠燃燒的卡路里，將超過身體囤積的脂肪，就能夠形成易瘦的體質，漸漸瘦下來。而重量訓練的運動項目，可以幫助身體的肌肉進行重組，幫你雕塑身材，重量訓練後若能補充蛋白質營養，更能夠提升肌肉量。

一旦打造出易瘦體質，因為基礎代謝率高，所以比較不用擔心吃一點點就容易發胖的問題。同樣吃一個漢堡，基礎代謝率高的人，容易把熱量代謝掉，比起基礎代謝率差的人，更不容易讓肥油堆在身上。不過，即便你有運動習慣，也要有所節制，不能大開吃戒，一週讓自己放鬆一次、吃高熱量食物是極限，否則還是會發胖喔！

錯誤迷思2　時尚名牌和化妝品，才能打造出美麗與自信？

　　以前的我，因為身材肉肉的，和瘦子朋友站在一起時，總是自卑、沒自信。為了遮掩身材，我花了很多錢買衣服，想盡辦法修飾身材。隨著體重增胖，我的身體也開始出現一些狀況，膚色黃黃的，臉上也常常冒痘子、長斑，於是花錢買化妝品、保養品更不手軟，唯一目的就是想改善肌膚狀況。可是，我卻買愈多愈不開心，甚至還恐懼出門、面對人群，因為我還是很沒自信。

　　一直到接觸運動健身後，我發現肌膚狀況竟然變得愈來愈好了！因為運動時，體內的毒素會透過大量流汗排出，肌膚變得更緊實、有彈性，即使素顏也能夠擁有紅潤的氣色，看起來甚至比實際年齡年輕。而且運動能夠讓身材緊實，身材比例變好，即使是穿便宜的平價衣，也能夠變成「衣架子」，襯托出個人獨特的品味與風格。

　　長期運動以來，我發現：運動不只是動動手腳而已，更是一門人生管理學！因為透過運動可以讓人把專注力放在動作上，透過規律的反覆練習，不僅消耗體力，腦子裡的煩人瑣事，也會暫時拋空，等到揮汗淋漓後，腦袋變得更清晰，可以說是非常好的抒壓方式。而且，每個運動項目通常要在器材上做至少30分鐘，每當體力快撐不住時，透過精神喊話：「再做5分鐘、10分鐘！」你會發現，運動會讓你愈來愈有耐心，更能夠獲得自我成長的成就感。

　　一個人的漂亮，不是靠化妝、衣服這些外在方式讓自己變得更美，而是從內而外的本質經營，透過運動，不僅可以獲得健康的身體，也會讓你擁有健康、自信人生，幫助你專注、有耐心、更快樂、更正面！

正確觀念

不動刀的微整形，
運動就能讓你變漂亮

我常對學員說：「健康瘦身，就像是沒有動刀的整形!!!!」

在這個競爭激烈的社會，美醜、胖瘦或多或少都會影響我們的人際關係、工作、生活。我自己的例子是：自從我健康瘦下來之後，不但從事健身教練工作變得更有說服力，連業餘的網拍模特兒兼差工作也陸續找上門，2013年更在大陸央視「超級減肥王」擔任教練。除此之外，瘦身也會讓你的人際關係變好，尤其是異性緣！我發胖時，雖然也有人追求，但瘦下來後，確實有更多異性欣賞，邀約的人也變得更多。

加上變瘦後，人因此變得更開朗有自信，發自內心的微笑，讓人際互動變得更正面，也有了更多話題可以和大家交流。藉由分享如何變美變瘦的經驗，影響更多人一起改變，那樣的成就感，會讓人「走路有風」，整個人散發光采。

健康運動瘦下來之後，另一項大改變是：體力變得比以前更好，甩掉負擔後，行動變得比以前更敏捷。因為減掉了脂肪、增加了肌肉，身材比例更好看了，小腿更細、大腿更修長，連女生最在意的胸部、臀部、腰部曲線，看起來也更勻稱。

我經常這麼想：整型要花很多錢，還要冒著手術失敗的風險，不過運動就沒有這些壞處，雖然不能馬上看到成效，但只要持之以恆，就可以擁有一輩子跟著你的好身材！這麼棒的投資，當然值得女生們好好經營啊！不是嗎？

寵愛自己最好的保養品，就是運動！

錯誤迷思3　保持運動習慣，大吃大喝也 OK？

　　誰說有運動習慣就不會變胖？我的體重最高峰的時期，就是在我成為健身教練之後！

　　我因為發胖而開始運動，成功瘦身之後，轉職為健身教練，希望跟更多人分享自己熱愛的運動，讓「想瘦一族」也能夠跟著我一樣運動瘦下來。當時，我成功甩掉肥胖，擁有緊實的身材後，仗著自己從事專職教練的優點，自以為只要多運動，絕對不會再胖起來，於是，我又開始回復到不忌口的日子。吃零食、聚餐、到國外度假大啖異國高熱量美食……

　　有句成語說「心寬體胖」，就是我當時的寫照啊！因為放鬆心情，吃東西不忌口，肥胖當然不會放過我，很快地，它又爬滿了我的身，再度回到肉肉女的悲慘生活。

正確觀念 掌握運動前後進食時間，
讓身體輕鬆沒負擔

經常有些想要運動減重的人來問我：「運動前後可以吃東西嗎？」因為他們認為：運動前不吃東西可以瘦得更快！但事實上，空腹運動會讓你在運動時眼冒金星、沒有體力，而且人體的保護機制在這時會啟動，如果餓著肚子太久，身體會有一種「把它們補回來」的欲望，當餓肚子揮汗努力運動時，大腦往往也在盤算著：「等一下要去吃什麼填飽肚子？」反而造成運動後吃進的東西更驚人。因此，我建議運動前一定要吃點東西墊墊胃，間隔一小時讓胃的食物稍微消化之後，在六、七分飽的狀態下進行運動是最適當的。

至於運動後多久可以吃東西呢？通常我會建議運動完之後，先補充適量的蛋白質，防止肌肉的消耗和分解，並且幫助肌肉重組，例如蛋白乳清飲料或植物性的豆漿，都是非常方便的選擇，適度補肌肉所需營養，也可以吃水果，增加飽足感。等到運動過後一小時，就可以正常飲食了。因為先前喝了一些蛋白飲品，這時應不至於過度飢餓，但還是要留意吃下肚的內容，千萬不要約朋友去吃炸雞、披薩，因為運動後吃油膩食物很容易吸收，剛剛的運動等於就白費了。吃些清淡、調味少、能夠補足肌肉重塑所需要的蛋白質養分，就可以提高

身體的基礎代謝率，讓體質變得
結實、不易發胖，也不會因為怕
胖而忍受禁食之苦。

錯誤迷思4　大吃大喝超快活，美食是最好的減壓方式？

很多人壓力大時，會靠吃東西減壓，開心時也會以美食來慰勞自己。「愛吃」，變成了不少現代人的心靈疾病。愛吃的人，也許會意識到這是不對的，卻因為懶惰、找藉口放縱，等到驚覺已經胖到不像話時，反而演變成自我放棄，繼續用「吃」來平衡自己各方面所帶來的壓力，並且找理由來「合理化」吃的行為，例如：當了媽媽一定會變胖、工作壓力太大、沒時間運動……

我輔導過不少用吃來抒解壓力的學員，了解要引導不愛運動的人一起來運動，如果只是一味地強迫，只會讓他們心生排斥。所以我告訴學員：當你想吃時，趕快把屁股從椅子上抬起來！一開始如果不喜歡運動，可以先從「活動」開始。例如說，上班族在下午茶時間如果想吃點心，趕快站起來，做一些舒緩肩頸的運動；對於一聽到血拚眼睛就會亮起來的女生，也可以把逛街運動運用在減肥上，大逛特逛之餘，還能幫助身體血液循環、心肺功能增強，一舉兩得！如果不喜歡運動流汗，那就穿上球鞋到外面去，抬高腳大步走，訓練大腿肌力……並且常常提醒自己保持縮腹、挺胸、背挺起，能走就不要搭車，能站不要坐，能坐就不要躺，一有機會就走樓梯，不要搭電梯。總之，只要先從簡單的「活動」開始就可，不要強迫自己，時間一久自然就能培養愛運動的好習慣。

飲食會成習慣，運動會成習慣；養成好習慣，壓力自然少。我的學員中，有不少40、50歲的中年上班族，他們的交際方式不是應酬、喝酒的夜生活，而是相約打高爾夫球運動，帶領客戶一起健康運動。我還見過一位學員60歲才開始健身，一直練到現在他80多歲了，全身線條都很美，每天笑嘻嘻，看起來無憂無慮，「活到老，動到老」，過著真正的樂活人生。

正確觀念　把運動當成好友聚會，
告別吃吃喝喝的放縱生活

　　我是個嘴巴很饞的大胃王，以前好不容易瘦一點，就會開心地大吃一頓犒賞自己，而且特別喜歡相約姊妹淘大啖美食，經常在臉書上傳自己到處跟美食約會的幸福照片，也因此換來了一身「幸福肥」，身邊的好朋友也跟著胖了不少。

　　為了減肥，我開始運動，並減少在外用餐的次數。一開始我很擔心拒絕朋友的飯局邀約，自己人緣會變差，但後來發現，能夠「患難與共」的才是真正的朋友！姊妹淘不僅體諒我，把晚上的聚餐提前到中午、下午，避免晚上囤積太多脂肪、難以消化，也減少選擇熱量爆表的吃到飽、西餐廳，選擇更健康的輕食、蔬食。

　　更棒的是，姊妹淘後來更一起加入運動的陣容，經常和我一起到健身房飆汗。每當體力快透支時，身旁有好友互相打氣，總是可以讓我再多做一陣子，感覺時間比較不會那麼難熬，大大增進運動成效。因此，和朋友一起相約去健身房運動，是我真的非常鼓勵想瘦身的朋友們去做的。別再相約吃吃喝喝了，一起往輕盈健康人生邁進吧！

錯誤迷思5　習慣難養成，一停止運動肌肉還會變鬆垮？

　　有些人認為一旦養成運動習慣後，不繼續運動肉就會變鬆弛，但其實也是一種錯誤的迷思觀念唷！事實上反而是從來不運動的人，原本就鬆弛的肉，會隨著年齡增長鬆弛得更快。有運動基礎的人，有了肌肉緊實的「底子」，線條其實會維持得比較長久。

　　況且，一旦你養成運動習慣、體會運動的美好之後，就會自然而然地想要持續，而不是如外人想像的「因為不練肌肉會垮掉」，所以才不得不一直練下去。隨著年齡增長，愈能夠感受到運動的重要性。從年輕時就養成運動訓練的習慣，身體體力有很好的基礎，整體狀況維持OK，也較不至於隨著年紀增長，連走個路、做點小運動就會喘。

　　最適當的運動量，一週最少要運動三天，每次要做30分鐘有氧＋重量訓練、讓每分鐘心跳數跳到130下。當體力愈變愈好後，可以視每個人狀況往上調整。而最好的運動方式則是針對每個人量身訂做運動計畫，以每週能負荷的強度逐漸增強，並且更換項目。

　　有氧運動，包括有游泳、跑步、騎腳踏車、滑步機、登階機、爬山、快走、走樓梯，其中走樓梯是很好的運動，運用大腿的力量蹬上去，能夠訓練到大腿的前後側肌肉群，但因為走樓梯的重量是走路的四倍重，若是體重過重的人，就不太建議從事走樓梯的運動，膝蓋容易受傷。總之，運動時，每個人一定要視狀況選擇適合的運動，不要過度勉強，才不會造成運動傷害，以及對運動的排斥感，免得習慣再好也難以維持下去。

很多人從事戶外運動的時候，因為不喜歡流汗的黏膩感，因此刻意省略或忽略擦防晒乳，但是如此一來，肌膚很容易在毛細孔張開排汗時，讓空氣中的髒東西或污漬堆積在毛孔形成粉刺。另一方面，嫩白的肌膚也因為長時間（起碼 30 分鐘）曝晒在紫外線下，容易形成晒斑、黑斑等，讓肌膚變得又黃又乾。

其實，現在已經有許多針對運動者所設計的防晒產品，讓你塗抹之後即使流汗運動，也不會有不適的黏膩感，因此，建議各位愛美的水水們，一定不要偷懶擦防晒乳再出門從事戶外運動，才能夠讓你同時保有健康苗條的好身材，以及水嫩白皙的美麗肌膚唷！

防晒係數高達 SPF50+ 的法國有機防晒乳，質地細膩且清爽，能夠阻隔紫外線 A、紫外線 B 的傷害之外，還有滋潤、保濕、保養肌膚的效果，非常適合長時間在戶外工作的人使用，即使流汗也不會有悶熱不透氣的黏膩感！

　　我在前面提過，要養成固定的運動習慣，前三個月是黃金時期，但練多久可以看到運動的成效，則視個人體質而異。對沒有運動習慣的人來說，我建議一週至少要有三天，採取固定「做一休一」的方式來進行，也就是運動一天、隔天休息。這是很輕鬆的方式，不會把自己逼得太緊，也不會因為超過兩天沒做，而產生惰性、荒廢放棄。

　　我建議一開始做運動時，可以「週」為單位，每週3次，每次的重量訓練針對一個部位進行重點加強的循環動作，一個月有四週，身體等於有四個循環；當進行一個月後，你就可以明顯感覺肌肉量、基礎代謝率、心肺功能各方面的提升。有了成效之後，你自然會再往下一個階段努力下去。

　　到了第二個月開始，運動量和內容就要更嚴格一些了。心肺有氧的運動時間，可以增加到50或60分鐘，再接著做30分鐘的重量訓練。每次鍛鍊的身體部位可以再指定細一點，但一樣一次練一個部分就好。通常我會建議重量訓練從胸、肩、背、腿來分別運作，例如今天你做了30分鐘的心肺有氧運動＋「胸部」肌力訓練，明天就做30分鐘心肺有氧運動＋「肩部」肌力訓練；後天做30分鐘心肺有氧＋「背部」肌力訓練……以此類推。一次單獨練一個局部即可，才不會導致隔天起床這裡也痠、那裡也疼。如果太貪心，運動時想要一次鍛鍊好幾個地方，隔天可能會每個部位都痠痛，嚴重的話會影響到生活或工作，反而會讓人對運動產生排斥感。

　　所以，循序漸進的確實進行每次的動作，也在隔天得到適當的休息，長久之後，自然就能養成「做一休一」的規律習慣。運動的好習慣，我相信在開始實行之後，一定可以從中慢慢體會它帶來的內外在改變與美好。所以，從現在開始，快和你的姊妹淘、同事朋友一起來運動吧！甩掉NG人生，重新健康開始！

長期持續一項運動，
瘦掉體重超輕鬆？

　　曾經有人問：「每天跑步30分鐘，一開始的確有瘦，但為什麼久了之後，體重再也降不下來呢？」我的答案是，做運動如果只做固定的或喜歡的某幾項，做起來會很輕鬆，但對提高基礎代謝率、提升肌肉量幫助不大。因為我們的身體會有記憶，當已經適應了同樣的運動強度，若不給予額外的刺激，最多就只能維持。因此，我建議做運動要交替不同的項目來進行，挑戰不同的運動項目，在重量、強度、耐力各方面，去增強、突破，身體才有辦法再接收新的刺激，往下一個階段邁進。

　　要留意的是，每當你更換一個運動項目時，一開始一定要慢慢做，不必追求做的次數，而是應該要留意姿勢、動作是否正確，如果急著趕快運動，很容易會忽略了自己的肌肉耐力度無法到達、容易做出超過身體負荷的訓練，倘若姿勢也不正確，便會拉傷。所以，很多東西都要循序漸進，當身體適應了這個運動，再換下一個運動，慢慢做，否則會欲速則不達。

增加強度，不排斥痠痛，那是有效運動的最佳證明

很多人不喜歡運動的原因，是因為運動完隔天會肌肉痠痛「鐵腿」，但其實有痠痛的現象，離減重的目標又更近一步了！

我在為學員進行重量訓練時，通常會以組別數來區分。每一組做15下，一個動作做3-4組，而每一組動作之間，只能休息30秒到1分鐘，以不超過1分鐘為限，因為心肺功能和肌肉群的鍛鍊，需要透過暖身及運動持續提升，如果運動的間隔太久，身體會冷卻下來，則必須重新再從暖身做起。

當做完第一組、休息30秒後，一定要緊接著再做第二組，第二組做的時候會比第一組再稍微吃力一些些；休息30秒後，再做第三組。通常，重量訓練的標準，每次做完一組15下，覺得「有點累」是很ok的，表示這是可以負荷的訓練，這跟勉強做不來的動作有差，自己可以感覺得出來。每做一次，都要覺得比前一次更累，這樣才會刺激到肌肉群、增強肌肉耐力，所以隔天有點痠痛才是正常的，不用過度擔心。等到做完4組動作，都能完全勝任，那麼就表示你可以往更進階的動作挑戰了。

運動後其實還可以做一些伸展，來幫助肌肉放鬆、恢復彈性。每個部位的伸展可停留30秒，再換其他部位。全身各部位反覆做3次。如此既可減緩痠痛，還有助睡眠，可以讓你更香甜入夢喔！

女性生理期大吃大喝沒問題？

　　女生因為生理期會流失大量經血，因此要多吃些富含豐富鐵質的天然補血食材，例如：菠菜、油花少的紅肉（牛肉）；冰品、寒性食物（蓮藕、薏仁、瓜類）則盡量不要吃，免得阻礙經血排出體外的功能。

　　月經結束後的第7至14天，是黃金瘦身時期。這時候身體狀況最好，身體的荷爾蒙會分泌「瘦素」，讓食欲變小、新陳代謝提升，這時候要多吃蛋白質、青菜，少吃澱粉類，甜點、油炸物。如果在此時每天的飲食減少500至1000大卡，再配合簡易的有氧運動，減重效果會最顯著最棒，因此，一定要好好把握利用這段黃金時期。

　　等到經期過後的第三週開始，女生的身體雌激素會逐漸下降，這時候減重會比較困難；到了生理期快來的前幾天，內分泌會導致身體容易水腫，情緒也不穩定，食欲大開，這時更要提醒自己忌口，否則很容易囤積脂肪上身。由於這時候特別容易水腫，可以多吃一些利尿的食物，例如紅豆、蓮藕、薏仁、瓜類，以及膳食纖維，來幫助改善排水及便祕狀況。

正確觀念　生理期做緩和運動，有效舒緩女生最怕的經痛

　　女生生理期除了要特別注意飲食之外，在月經剛來的前幾天，因為身體的失血量很多，使得女生的身體也特別敏感，容易手腳冰冷。雖然我很提倡「做一休一」的循環式運動方式，但如果生理期前三天真的很不舒服，就不要勉強自己運動和減肥，先暫時休息一下也無妨。等到第4天開始之後，則可以恢復做些舒緩的運動，慢慢調整身體回復原來的狀態。例如平時習慣做有氧運動60分鐘，生理期則可以將運動時間減半，做個30分鐘即可。

　　生理期間運動是為了保持身體的代謝，運動時的規律呼吸跟順暢的力道，也可以減緩下半身悶熱不舒服的感覺。但生理期間的運動不用像平常一樣激烈，因為經血流失，運動容易頭暈，所以不用勉強自己，以免對運動造成排斥感。

　　生理期間適合快走、騎室內腳踏車等輕鬆的有氧運動，這些都有助於促進血液循環，舒緩疼痛，讓經血排得更乾淨。運動時一定要穿舒適寬鬆的服裝，並選擇有機透氣的衛生棉和生理褲，避免身體悶熱無法排汗。

　　透過運動，可以讓女性經痛、手腳冰冷的問題獲得舒緩，有子宮肌瘤、更年期等症狀的女性，也可藉由適度的運動來改善。而且有運動習慣的女生，腹部肌肉比較有力，心肺功能也好，對於懷孕、生小孩都很有幫助唷！

錯誤迷思8　運動會讓女生練成金剛芭比，失去女人味？

很多女生不敢運動，因為害怕練成渾身肌肉的「金剛芭比」，但我可以大聲地告訴所有女性朋友：不用擔心，金剛芭比沒這麼好練的！

因為女生和男生的生理構造不同；女生為了順利生下baby，所以會有女性荷爾蒙與脂肪來保護腹部及子宮，尤其冬天天氣冷時，身體的脂肪含量又會比夏天多。所以，女生要練出肌肉其實不容易，至少要比男生難上20、30倍。而男生因為有雄性荷爾蒙，因此要練線條跟肌肉比較容易，跟女生大不相同。

另外，有些女生也擔心運動會讓自己的腿變粗，其實這個觀念也不太正確唷！因為運動時，肌肉會充血，導致出現血管擴張的現象，所以血液輸送更多能量、氧氣到肌肉，一時間會讓肌肉看起來變大，尤其是運動到的部位會更加明顯。但這只是暫時現象，等運動隔天，通常就會恢復原狀了，真的不用過度擔心。而且，當脂肪下降，肌肉生成之後，你的身體結構就會開始有了改變，曲線看起來就會不同，千萬別被過程中的假性現象給騙囉！

但如果是天生手腳粗壯的人，那麼，你也可以挑選適合的運動方式，例如小腿粗的人就不適合跑步，再去鍛鍊小腿肌肉群，可以藉由例如游泳、瑜伽等其他運動方式，幫助心肺有氧提升，讓脂肪減少，這樣一來反而有可能變瘦，腿也不會變得更粗壯。

了解基礎代謝率計算，活力展開每一天

　　除了不用過度擔心練成金剛芭比線條，有運動習慣的人，也一定要了解「基礎代謝率」（Basal Metabolic Rate，簡稱BMR）的計算！它是指維持人體重要器官運作，所需的最低熱量。基礎代謝率（BMR）怎麼計算呢？教大家一個簡單的公式：

　　男生BMR= 66＋（13.7X 體重）＋（5.0 X 身高）-（6.8 X 年齡）
　　女生BMR=655＋（9.6 X 體重）＋（1.8X 身高）-（4.7X 年齡）

　　舉例來說，假設身高160公分、體重50公斤、年齡25歲的女生，每天的基礎代謝率就是大約1300，也就是說要維持身體機能，一天的熱量攝取，不能少於1300大卡。

　　你還可以發現，這個公式的最後是減掉年齡而產成的一個數字。所以人體的基礎代謝率會隨著年齡漸長而下降！因此我們更需要養成運動習慣，這樣就可有效維持或提高代謝。觀察一下周邊的親友，不難發現，愛運動的人，即使到了50多歲，看起來會比同年齡不愛運動的人，樣貌還年輕，體態也比較好，從體內到體外，甚至不輸年輕人呢！

　　因為運動會讓肌肉量提升，基礎代謝率也就會跟著提升。當基礎代謝率一提升，人體就會燃燒更多脂肪，即使講話、走路，甚至是睡眠都繼續在進行新陳代謝，久了之後，便不容易變成易胖體質。

　　要減重的人，特別要記得：每天攝取的熱量，不可低於基礎代謝所需的大卡數！一般來說，男生會比女生多一些。所以如果有運動的那天，基礎代謝會提升，那麼那一天可消耗的熱量額度也會跟著提高。但若攝取的熱量沒辦法

滿足基礎代謝率，身體為了怕你餓死，就會啟動防禦機制，漸漸調低基礎代謝率，並且還會開始囤積脂肪！所以千萬不要用可怕又折磨人的節食手段來減肥，不僅會餓得精神受不了，也會形成易胖體質，一旦恢復止常飲食，鐵定復胖更嚴重，反而愈減愈肥！

錯誤迷思9　OH ～ MY GOD ！初學者的 運動好習慣建立太困難？

　　想要透過運動持續健康瘦身的人，要多久時間才能養成習慣呢？我認為以三個月來進行訓練是最理想的。對完全沒有運動習慣的人而言，我通常會建議從一些基礎、好上手或喜歡的運動開始，先增強體力，等身體適應後，再慢慢把運動融入生活當中。

　　至於初學者適合做哪些運動呢？先從自己可以接受的運動項目來著手，是最好的，例如不喜歡跑步、覺得一跑會很喘的人，可以從帶狗狗散步、郊遊、踏青、游泳、爬山開始。記得不管做什麼運動，最少持續30分鐘以上，因為前面20分鐘是暖身時間，之後才會開始燃燒脂肪，一旦停止，好不容易開始動起來的心、肺、身體各個細胞一下子停止活動，就必須再從暖身開始，這樣無法達到燃脂的效果。因此，最基礎的運動時間，建議從30分鐘開始，再一次一次慢慢地往上增加時間。第一週可以每次做30分鐘，第二週之後每次40分鐘，以此類推每週往上10分鐘。

　　當身體開始有運動習慣，心肺功能也加強了之後，除了心肺有氧運動之外，可以再增加肌力訓練（重量訓練）的項目，最好是先做30分鐘心肺有氧運動，再做30分鐘肌力訓練，兩者一起配合，燃脂又可同時兼顧身材曲線雕塑。

　　請持之以恆逼自己持續運動三個月，相信我，三個月後，你的身體會習慣運動的感覺，到時候叫你不動都很難呢！

正確觀念　運動不是一種目的，而是一種生活態度

很多來瘦身的學員總是會問我：「芯妤教練，健身運動到底會不會很難？需不需要花很長時間？」身為健身教練，我常常跟學員說：「運動不只是為了瘦身，而是一種生活態度，它會讓你變得更加了解自己的身體，並且感受到生活樂趣！」因此，運動不是一種目的，而是一種生活態度。

很多人會有錯誤的觀念，覺得健身要花非常久的時間才有效果，因而往往沒有行動，就已經先打退堂鼓，非常可惜。如果前面提到的運動好習慣養成，只要採做一休一的方式來進行，一次運動時間每週慢慢往上遞增即可，並不用強迫自己每天做超出體力負荷的事，才能夠讓你真的愛上運動，從中獲得最佳效果。所以，健身與其做得多不如做得好，在能保持好習慣的情況下，健身運動做得少反而才能讓你瘦！

另外，除了天數、次數之外，其實要養成運動好習慣，也不用花大錢去買器材。有些人一有了要開始運動的念頭之後，就會砸重本去買腳踏車、健身器材來準備好好運動，但在好習慣養成之前，往往動個沒幾天就敗給了藉口和懶散，將器材晾在一邊塵封不動了。所以，有鑑於此，我經常鼓勵學員不必先買昂貴器材，只要有心運動，隨時隨地都可以最便利的方式來進行。比方我們每天早上起床、晚上就寢的床墊，其實就可以幫助我們做運動。

每天早晨起床的時候，每個人多多少少都會有想賴床的念頭吧？這時候，就可以利用賴床翻身的時候，好好地伸展一下四肢，相信左右各做個五下之後，此時的睡意也全散了，讓你充滿活力地醒來，準備展開美好的一天。晚上就寢時也一樣，可以利用床墊做一些伸展瑜伽運動，有助於放鬆心情、幫助睡眠之外，身體的線條也會變得更好，更重要的是，這無形中不斷建立養成的運動習慣，不但不會成為你的負擔，還會讓你愈變愈美愈健康。

只要你有心想瘦，最簡單的運動也可以從一張床墊就展開！看似不自由的健身運動，一旦愛上它、養成好習慣，反而才是真自由好自在，可以讓你吃得飽、動得快、花得少、穿得美，而且發自內心笑得更燦爛。

吃對飲食，其實比不吃或節食更重要！

很多人在減重瘦身時，很容易在飲食這一關卡關。看著美食當前，卻要忍受口腹之欲、忍受飢餓之苦，這種「非人道」的生活，在催眠個幾次或被美食多誘惑個幾回，就統統繳械投降，宣告減肥失敗！

其實，減重期間的飲食真的沒有你想像中那麼難，而且吃對飲食，絕對比不吃或節食更重要。快跟著以下要教你的正確飲食觀念一起改變，享受口福之餘，還能健康瘦下來。

吃對東西，才能調整成易瘦體質，提升代謝

很多人減重時，以為要吃很少才能瘦，所以拚命節食，或只吃單一的食物，但其實這是最錯誤的方式。減少食量，確實會讓人在短時間內快速變瘦，因為減掉了脂肪和水分，可是如此一來，身體的肌肉量也會跟著減少。

人體有一種神奇的機制，為了避免你因為節食而餓死，因此當採用此法控制體重時，基礎代謝率會降低來保護身體器官的運作。然而，基礎代謝率往下掉之後，無法馬上回升，一旦你開始進食攝取食物熱量，很快地體重就會回升，因為身體的吸收能力更好了，體重反而更容易反彈，變得更胖！

因此，想要健康瘦身，除了有好的運動習慣之外，吃對東西也很重要！

身體需要攝取均衡的營養，各個器官才能發揮好的功能，幫助你維持健康的狀態。吃對食物，並以清淡的方式烹調，少油、少鹽、營養均衡，然後每天吸收的熱量與消耗的熱量做好平衡控制，例如原本一天需要 2000 大卡的熱量，但在減肥的過程中，稍微減少個 500 大卡，變成只攝取 1500 大卡的熱量，如此一來，有了正確的運動、飲食，再擁有規律作息，就可以讓全身循環代謝變得更好，調整成「易瘦」的體質，瘦身會變得事半功倍，體態愈來愈輕盈！

打破超 NG 迷思！
健康瘦身，你不能不知道的正確飲食！

減肥的時候不能吃澱粉 ?!

很多在減肥中的人一提到澱粉兩個字，就像是患了「澱粉恐懼症」一般，聞「粉」色變，但這個觀念真的是大錯特錯！減肥中不但非吃澱粉不可，而且有些種類的澱粉還可以幫助燃燒脂肪，達成減重效果呢！

有些人以為不吃澱粉才會變瘦，但事實上，當身體缺少澱粉時，會開始燃燒儲存在體內的肝糖作為能量，這種情況下，身體會產生一種稱為「酮酸」的有毒廢物；在代謝酮酸廢物時會伴隨大量水分，因此會讓人有瘦得很快的假象，但這其實只是脫水作用而已，並不是真的減脂減肥。而且在排出代謝廢物時速度極慢，這對腎臟也會造成負擔，因此真的要奉勸大家可別被錯誤的觀念騙了，賠了健康又折兵，非常得不償失。

澱粉也有分好壞

很多人或許不知道，澱粉其實還有好澱粉、壞澱粉之分，壞澱粉才會讓你的血糖像搭雲霄飛車，忽上忽下。

「升糖指數」是一種指標，指吃下食物需要多久才能影響血糖。高升糖指數的澱粉類通常都是含糖的、經過精製後的澱粉，而低升糖指數指的是有較多纖維的天然食物。換句話說，炸薯條的升糖指數會比蒸馬鈴薯高，吃下它之後會影響我們的血糖指數，所以，吃澱粉的祕訣就在於選擇愈不加工的天然食材愈好，因為天然的食材熱量並不高，而這些低升糖指數的澱粉也不會造成我們的體重增加。加工愈多的食品，代表愈油、糖類愈多，這才是真正吃下澱粉後，會造成肥胖的原因。

香蕉、地瓜、馬鈴薯、糙米、豆類、全麥麵包、全麥餅乾、五穀粉、五穀飯類中都含有好澱粉，若要吃澱粉，可以從中選擇。雖然有些人剛開始不習慣穀類的香氣，但慢慢咀嚼後，其實會發現全穀類能吃到穀類真正的香氣，會讓人漸漸地愛上這種健康口感唷！

不吃澱粉，減肥根本無效的理由

理由 1：事實上並沒有澱粉型肥胖這回事，一般見到的多是脂肪型肥胖。

理由 2：不吃澱粉會導致情緒不穩，人會變得容易沮喪、憂鬱、暴食、暴怒，反而是在減肥中吃澱粉的人會比較快樂、平靜。原因就在於攝取澱粉可以幫助

色胺酸進入腦部合成血清素，血清素除了可以帶來活力之外，也能對抗壓力引起的狂吃行為。

　　理由 3：不吃澱粉的減肥大計，無法持久。一週不吃澱粉，就已經讓人很難達成，更何況控制體重是一輩子的事，怎麼可能一輩子都不吃呢？假如條件設定太難達成，只會讓人很快想放棄，不想堅持。

　　理由 4：不吃澱粉或澱粉攝取過少的人容易便祕，導致小腹突出，所以，別再錯怪澱粉是造成你下半身肥胖的元兇了。

　　理由 5：刻意壓抑不吃澱粉減肥，反而讓人產生想要吃澱粉的欲望，喪失控制食欲的能力。就像身體渴了，想喝水的欲望會大過於其他需求，一旦喝水的需求被滿足了，自然不會想要再喝更多。攝取澱粉的道理也相同，均衡攝取才不會造成失控狀況，拚命吃高熱量、高脂肪的澱粉類來滿足口欲，反而更加速肥胖！

飯後吃水果才能助消化？

　　雖然吃水果可以幫助消化，但是要吃對時機很重要，可丁萬不能在飯後吃才好唷！因為飯後吃水果不但不會助消化，反而會讓胃酸增多，容易造成胃脹氣。

　　飯後吃水果，本來要透過胃壁進入腸子的水果卻被食物擋住了，此時胃正在發酵、變酸，當水果接觸到含有胃酸的食物時會壞掉，因此常有人在飯後吃水果導致打嗝、脹氣、拉肚子，這種情形就是因為水果與胃中腐敗的食物混在一起產生氣體造成的，所以只要在空腹時吃，就不會有這種問題。

　　而且，空腹吃新鮮水果好處多多，不但可以產生殺菌作用、提供能量，只要在正確時間吃水果，還能增加飽足感，達到瘦身功用，讓你美麗健康又有活力。

很多人習慣在吃完飯後，喝下一杯冰涼的茶水或飲品來清腸胃，但殊不知這冰涼的飲品會將剛剛吸收的油質立刻變成固態，因此影響了消化。

固態油質在胃酸的作用下會變成小碎塊，比固體食物更易於被腸道吸收，並附著在腸子內壁，如此一來便會形成脂肪，也易導致癌生成。所以強烈建議大家飯後不要喝冰涼飲品，容易致癌，還是喝熱飲比較健康喔！

芯妤教練
小叮嚀

想要健康瘦身？請向「四大禁忌」說 Bye Bye ～

冰：亂血氣
油：囤積脂肪
鹹：腎臟負擔
甜：糖分過高，肥胖

瘦身不必禁食，連火鍋、烤肉都能吃！

很多人減重時，都不敢吃高熱量的火鍋或燒烤，其實瘦身並不需要刻意禁食，很多東西還是可以享用，重點是：要聰明選對食物，而且適量！

以火鍋來說，到店家吃涮涮鍋時，湯底我通常會請老闆給我白開水，然後利用菜盤中的蛤蜊、魚肉、蔬果等食材來熬煮湯頭，既鮮甜又不油，而且富含膠原蛋白及膳食纖維，熱量也相對低很多。如此一來，既可以大飽口腹之欲，又能夠吃得健康無負擔。

至於很多人愛吃的麻辣鍋，我則會盡量避免。一來麻辣鍋的湯頭很油，二來則是火鍋料中的加工類食材例如丸子、餃子、魚板等熱量非常高，因此，即

使麻辣鍋香香麻麻的滋味吃起來很過癮，但我還是會盡量克制不碰，並且選擇新鮮的「原形食物」，而非「加工食材」來吃。

另外，吃火鍋容易胖的關鍵就在於沾醬，特別是滋味香濃的沙茶醬。但你知道嗎？沙茶醬的主要原料是油＋大蒜＋蝦米，每一小匙的熱量高達 154 大卡！每沾一口沾醬，就等於把半碗飯的熱量吃下肚！所以，吃火鍋時我建議用醬油＋醋作為沾醬，若喜歡重口味的人，則可以加入蔥、蒜、洋蔥、乾辣椒等辛辣配料來提味，熱量卻會少很多！

至於燒烤的食材選擇，建議不要烤油花多的肉，精挑細選油花少、去油、去皮的肉來食用即可。我通常會以瘦肉較多的雞肉（雞皮不吃喔）、牛肉為主，再搭配熱量低又能飽足的魚肉、海鮮類、蛤蜊絲瓜、蔬菜玉米、菇類，就能夠吃得既豐富又飽足。牛肉對於肌肉生成是很好的選擇，只要記得不挑太肥的肉，就可避免熱量，尤其是雞胸肉的脂肪低，吃下肚不會造成負擔，是減重的人很好的食物選擇。

分量多的西餐也沒問題，
只要選對餐點就 OK ！

很多人減重時，這個不敢吃、那個不能碰，整天都在斤斤計較吃進嘴裡的分量。我和我的健身團隊，個個身材結實，卻從不曾因為瘦身而餓肚子，因為我們吃東西的重點是：攝取的分量要「適量」「多元」，所以，即使是分量多的西餐，也可以放心吃！

每次朋友聚餐相約吃西餐時，我會在小細節處做一些比較健康的選擇。像是前菜的湯品我會選海鮮湯，酥皮濃湯絕對 Say No ！因為又香又脆的酥皮雖然令人食指大動，但卻放了很多奶油製作，稱之為「熱量炸彈」也不為過；而前菜的沙拉，我通常也不會淋醬，或者偶爾沾一點點日式高湯、薄鹽醬油調製的和風醬拌味，或是用酒醋做成的醋醬，都是熱量較低且較健康的風味醬料。

而很多人愛的千島醬和凱薩醬，則是能少碰就別碰，因為千島醬是美乃滋和番茄醬做成的，吃一盤沙拉通常會需要淋兩湯匙，因此光是醬料就差不多等同於 1/3 碗米飯的油脂和熱量，非常恐怖！另外的凱薩醬同樣使用美乃滋和起司，熱量也逼近 90 大卡，會讓人在無形間吃下許多不必要的熱量。

至於主餐，我會選擇分量較小的，例如瘦肉比例較多的菲力牛排，並且加少許鹽巴食用原味，不添加牛排醬。若是麵飯類，我則會點雞肉、野菇、海鮮義大利麵，盡量不點焗烤、奶醬類，或是淋上太多醬汁，免得平日的健康養生減重計畫功虧一簣。

而西餐中最令人期待的，當然就是甜點囉！光是看到各種顏色鮮豔的蛋糕、造型甜點，就足以令女生興奮尖叫，

更不用説吃上一口濃郁甜點時那種幸
福指數，根本會讓人把減肥、健康這
個字完全拋諸腦後。不過女孩們可千
萬別忘了，一份甜點熱量直逼一份正
餐，建議大家還是淺嘗幾口就好，和
朋友分享分食，才不會讓太多熱量上
身。而在甜點的選擇上，也盡量以脂
肪含量相對較少的果凍、蛋白蛋糕為
主，避免選擇口感軟綿的甜點，因為
這類型甜點愈可口，通常愈油膩、
熱量愈高。附餐飲料可以選擇鮮榨果
汁，營養又健康，或以不加糖的茶

類、咖啡為主。若有需要加奶，則可以選擇低脂牛奶，千萬別用高熱量的加工
奶精球。

芯妤教練
小叮嚀

熱量超驚人！肉肉上身的恐怖「肥油醬」！

美乃滋：沙拉油＋蛋＋糖 每匙 101 大卡
千島醬：美奶滋＋番茄醬 每匙 101 大卡
沙茶醬：油＋大蒜＋蝦米 每匙 154 大卡
花生醬：油＋花生＋糖 每匙 115 大卡

為自己的健康把關，遠離飲食四大禁忌

若想要健康瘦身，那麼你一定要避開飲食「四大禁忌」——冰、油、鹹、甜！因為，冰品會使身體的血氣混亂，不好的油會囤積脂肪，吃重鹹會增加腎臟排毒負擔，糖分過高則會有肥胖的問題！

愛喝冰飲

很多人喜歡在炎熱天氣或運動後，豪邁地喝下冰涼飲品，感覺特別舒暢。但常喝冷飲或吃冰，會讓內臟血管收縮，造成氣血不順、基礎代謝率降低，導致體內的廢物及水分滯留，出現嚴重的水腫現象，更會容易囤積脂肪，尤其囤積在腹部周圍，形成微凸小腹！非常討厭！所以，若想要身材均勻不發胖，一定要改掉喝冷飲的壞習慣。平常不工作的時間，我在家都會以喝溫水為主，若非得外出聚餐，我則會點熱量較低的熱美式咖啡，謝絕很多女生的最愛——巧克力冰沙，一來因為對體質而言過寒，二來熱量更是爆表，對健康有害無益。

食物過油

　　至於「油」的部分，則是要謹記飲食少油原則，而且烹調時慎選好油。要維持健康，就要適度攝取「必須脂肪酸」，特別是「omega-6」和「omega-3」這兩種好的脂肪酸，這些可以透過吃海鮮、綠葉蔬菜、魚類、芥花油、核桃類堅果取得。不過，相對於必須脂肪酸，有一種「壞脂肪」像是人工合成的「反式脂肪酸」等，通常會出現在加工食品、人造奶油中，所以非天然的加工品能不碰就不碰！一般市售的沙茶醬、花生醬、美乃滋、千島醬，加了很多油脂，是被我戲稱為油膩膩的「肥油醬」，並且視為拒絕往來戶；而市售麵包如果愈香愈可口的，通常也會添加許多油或奶油，也要少吃，盡量選擇不精緻加工的五穀雜糧麵包，又有飽足感。

偏好甜食

　　女生們最愛的甜飲和甜食，除了熱量高、營養低之外，還會使血糖快速變化，增加囤積脂肪的可能性。市售甜物多半使用人工糖漿，容易使人感到飢餓，對健康的危害也不小。

鈉含量過高

　　很多人減肥時，吃東西只留意熱量表，但有很多料理雖然熱量不高，鈉含量卻過高。高鈉的重口味飲食，會讓水分滯留體內，容易導致水腫、虛胖，明明沒有變胖，看起來卻腫了一大圈。因此國民健康署建議成人每日的鈉攝取量為 2400 毫克（大約為 6 公克的鹽），可千萬別一餐就攝取將近一天的量，造成腎臟莫大的負擔！我甚至聽過有些女生為了減肥，拚命吃低卡的蒟蒻乾，雖然熱量極低，但鈉含量高得嚇人，減肥不成，反而傷了身體，得不償失呢！

少量多餐，避免讓自己處在飢餓狀態

誰說減肥一定要節食？我不但正常吃三餐，而且餐與餐之間如果感覺肚子餓了，我還會吃一些低熱量的零食，讓自己保持在「不飢餓」狀態。

當一個人餓過頭了，就會產生什麼都想吃的欲望，下一餐特別容易「大開吃戒」，狼吞虎嚥吃進超量的東西。特別是體力、腦力透支的下午時段，我通常會選擇低糖水果、無醬沙拉或茶葉蛋白當作下午茶，因為如果餓過頭，晚餐會不知不覺吃下很多東西；當身體帶著沒消化完的食物就上床睡覺，熱量沒有辦法透過活動來消耗掉，更會直接轉換成脂肪囤積在體內。因此，睡前 3 小時我很少吃東西，澱粉更是完全不碰。

即使我一天吃好幾餐，但每餐的分量都不會超過，還是會計算好一整天的「總量控管」，加上我的運動量大，在養成「易瘦」體質之後，真的要變胖也沒這麼容易了。

我認為「怎麼吃」比「幾點吃」更重要！只要把握吃新鮮、吃營養的幾個原則，其實瘦身減重飲食並沒有大家想像中的可怕與困難。多吃「原形」食材、不吃人工添加食物，並且食物類型經常變化，就可以幫助身體攝取多種營養素。烹調方式則建議用蒸、水煮、乾煎、烤來處理。油炸食物熱量比較高，食物在油炸過程中也容易變質，所以要盡量避免。如果非得外食，就不要選擇太油、太鹹的食物，以免增加身體的負擔。備熱開水，將蔬菜、肉類等先過水去油再食用比較好。

芯妤教練小叮嚀

肥胖殺手！酒類熱量一覽表

高粱 100ml 325 大卡	香檳 300ml（一杯）200 大卡
威士忌 100ml 250 大卡	白蘭地 100ml 225 大卡
蘭姆酒 100ml 233 大卡	伏特加 100ml 230 大卡
白酒 300ml（一杯）220 大卡	啤酒 355ml 137 大卡
紅酒 300ml（一杯）220 大卡	梅酒 250ml 約 410 大卡

單一食物減肥法，
小心愈減愈肥！

　　有些人為了減肥，長期不吃澱粉，但澱粉其實是人體維持新陳代謝很重要的營養來源之一。當一個人一整天都不進食澱粉，情緒也會變得比較暴躁。還有人在減肥中，只吃單一食物來瘦身，但即使是好的東西，食用過量，也不好！

　　例如以低熱量的青菜、蘋果當正餐，因為熱量攝取很低，在短時間內雖然可以瘦得很快，但因為很容易肚子餓，只要恢復正常飲食，通常會復胖得更厲害。我還聽過最不可思議的單一食物減肥法是「喝酒」，因為有此一說：「酒精可以促進血液循環、幫助減肥。」但這恐怕是大錯特錯的說法呢！

　　喝酒小酌雖然可以助興，喝少量紅酒也可以讓促進血液循環，但絕不能到每晚都喝或餐餐與酒為伍的地步，如果是這樣，恐怕就不是助興，而是「助肥」了！因為酒類的濃度和熱量都不低；很多女生愛喝啤酒，是因為它的酒精濃度較低，比較不容易喝醉，可是別忘了，啤酒是麥類發酵製成的「液態麵包」，一小罐的熱量就高達 137 大卡，和半碗飯差不多！而且威士忌 100ml 就有 250 大卡、高粱酒 325 大卡，都是很容易喝胖的酒類！最重要的是，喝了酒會讓人食慾大開，特別想吃「油、辣、鹹」這些重口味的東西，更加容易導致肥胖。而且酒喝多了，除了肝功能受損，還有可能引起胰臟發炎。所以，想減重的人，最好還是少喝或戒酒為妙。

　　減肥期間，吃的東西和平常其實並沒有特別不同，只是分量和質量要稍微調整，而且熱量攝取也不要低過基礎代謝率。比如說，運動消耗掉脂肪後，蛋白質的攝取量就要多一點，可以幫助身體的肌肉生長。如果怕胖、脂肪比較多的人，盡量選擇少油、少鹽、不加味精的食物，選擇吃含有天然油脂的食物像是堅果、魚肉等，再搭配優質澱粉及膳食纖維，讓身體獲得均衡及全面性的營養補充，就能夠吃得健康又有飽足感。

懂得「挑食」，中西異國料理也能吃出輕盈健康

現代人工作忙碌，在家吃飯的時間不多，就連我也不例外。但即使在外用餐，我也會講求吃得健康！市售的食物為了美味好吃，通常會添加許多鹽、糖、油及調味料，高鈉的重口味飲食習慣，容易導致體內水分滯留，變成水腫體質，讓你明明沒有變胖，看起來卻腫了一大圈。尤其是便利商店食品，鈉含量多半相當高，光是吃下幾份就可能超過一天建議的鈉攝取量（2400 毫克）。其次是食物為了保鮮，有時會添加防腐物品，對身體並不健康，因此若可以選擇，還是建議以現做熱食為主。

在外用餐時，我一定會避開太油、太鹹的食物，並且多攝取蔬菜，以免增加身體的負擔。一般人最常忽略的就是燙青菜，以為只吃燙青菜就可避免熱量，卻忽略了上頭淋上的油膩肉燥才是肥胖關鍵，應該盡量避免食用。

另外就是晚上加班如果有點飢餓感，許多餐飲店家關門時，很多人會以泡麵來解飢，這時我也會選擇非油炸泡麵，並且將麵條過幾次水，油包調味料加一點點即可，將高熱量的泡麵食用罪惡感降到最低。飲料部分，我會選擇白開水或熱美式黑咖啡、無糖豆漿，會令人發胖的手搖杯及冷飲盡量少喝，以免吃下飲品中的人工果糖、香精等隱形陷阱，貪圖一時的方便與快樂，而損害身體的健康。

誰說外食族不能和健康畫上等號？其實只要能用點心，你一樣可以吃得無負擔又健康！以下，我將針對大家常吃得幾種外食種類，教大家幾個「挑食」的重點，只要能夠把握這幾個原則，外食族也不用擔心減重瘦身無望！

🍴 速食店

建議餐點為牛肉起司漢堡不加醬，若不吃牛肉的人，也可以點炸雞但去皮後食用，將熱量降到最低後再入口。飲料則建議以無糖紅茶、美式咖啡或低卡可樂為主。

🍴 便利商店

很多人的一天三餐跟便利商店關連密切，為了方便省時，便利商店就成了最佳覓食場所。因此，在裡頭挑選的食物更是要用心注意熱量喔！

泡麵：選擇非油炸類麵條；沖煮時，可使用調味粉來提味，但盡量不使用或使用微量醬料包，即可避免攝取超高熱量。

飯糰：多種口味的便利飯糰中，建議以鮪魚、雞肉種類為優先選擇。

水果盒：切盤的水果盒可幫助消化，建議在用餐前先空腹食用，避免產生胃酸。

生菜沙拉：淋上微量和風醬或不沾醬食用，滿滿一盒分量其實也很有飽足感。

關東煮：若喜歡吃關東煮的人，便利商店的種類有多樣可選擇，但小心不要喝湯，過鹹的湯頭不但熱量高，對身體也不好唷！

小食：下午茶時間想吃點小食時，地瓜、茶葉蛋、小杯粥品、優格、果凍都是不錯的選擇。

飲品：無糖（微糖）高纖豆漿、五穀奶、薏仁漿、低脂牛奶、零脂無糖優酪乳，都是健康又養生的優先選擇。

🍴 自助餐

自助餐的菜餚烹飪方式通常會比較油，建議若非得選擇自助餐菜色，可自備熱開水，將蔬菜、肉類等先過水去油再食用比較好。

超享瘦大吃大喝食譜餐

喜歡自己動手做三餐的人有口福啦!以下四週美食食譜大公開,只要能跟著以下的原則進食,不用刻意節食甚至還能餐餐吃到美味又營養的美食,重點是愈吃愈瘦,愈吃愈美。而且我還貼心地為女生們準備一週「生理期·好朋友特餐」,瘦身之外還兼顧調理補氣,實在是太 sweet 了!

早餐原則:早餐的分量不一定要多,以吃得巧又飽為原則!不論是中式或西式早餐,都要注意「醬料」的使用,避免用沙拉醬、過鹹的醬油膏等;麵包方面,也盡量選擇五穀雜糧麵包、不帶油花的瘦肉、小黃瓜或其他新鮮蔬菜。另外就是要注意澱粉的攝取,千萬不要不吃,因為澱粉可以幫我們轉換葡萄糖、肝醣,供應身體一天所需熱量,是非常重要的營養元素。

午餐原則:午餐的內容要吃得豐富、營養均衡,除了一樣遵循少油、少鹽、少甜飲食原則之外,還要注意不要吃過飽,若午間沒有足夠時間消化所吃進去的食物,下午就會容易昏沉。

晚餐:晚餐進食原則為質與量要減少,盡量在七點前吃完,睡前 3 小時盡量不要碰澱粉,以免沒有足夠時間消化,熱量會轉化脂肪,囤積肥肉上身。

芯妤教練
小叮嚀

料理重點小叮嚀:

少油少鹽,不加味精。青菜不淋肉油汁、沙拉醬。
少油清炒、蒸、煎、水、煮、烤。
餐前吃水果,健康美麗好消化,增加飽足感!

外食族的營養補充利器

相信很多外食族都有以下的症狀：忙碌的工作壓力、三餐不定時的作息，導
致生活緊張、排便不規律。有一陣子長時間在錄影工作時，我也曾經因為三
餐作息不正常或環境因素而無法吃得營養均衡，有時體力透支時，人就看起
來氣色不太好，顯得沒精神。

為了解決這樣的狀況，我改用隨沖即飲的方式，沖泡營養酵素粉
來喝，將含有膳食纖維、螺旋藻、紅花子油、燕麥麩、木瓜酵素、
大豆卵磷脂、大豆水解蛋白、穀物及各色蔬菜等 20 種成分的營養
包，用最方便的方式攝取，保持一天的精力與活力。當身體有了
足夠的營養，才有辦法供應熱量及活動力，同時讓代謝因為順暢
循環，而有美麗好氣色，非常適合忙碌的上班族、外食族飲用。

不喜歡白開水味道的人，也可以用牛奶、優酪乳、喜歡的果汁口
味代替，風味更棒喔！

第一週		星期一	星期二	星期三
	早餐 ☀	小番茄 5 顆 全麥饅頭夾蛋 有機黑豆漿	葡萄柚優格汁 蔬菜起司蛋三明治	香蕉 1 根 兩片蒸蘿蔔糕 （或無油乾煎） 五穀奶
	中餐 ☼	海鮮烏龍麵 燙地瓜葉	牛肉麵 （以清燉牛肉麵為佳，若湯 太油，則盡量不喝湯）	雞絲飯 燙青菜
	下午茶 ☕	芭樂 1 顆 零脂無糖優酪乳	美式黑咖啡 茶葉蛋蛋白	木瓜牛奶
	晚餐 ☾	香菇瘦肉粥	海帶薏仁粥	海鮮粥

❤ **芯妤
美食 DIY
教室小叮嚀**　現下很流行的氣炸鍋料理，其概念跟我一再提醒大家減重瘦身飲食應該「少油」一樣，避免吸取過高油脂，才能導致癌症與心血管疾病發生，因此有愈來愈多人使用這台甩油小物來製作美味料理。

使用氣炸鍋可依照食材口感,輕
鬆調整時間溫度,在家輕鬆做出
油炸、燒烤、烘烤、烘焙效果的
各式美味料理,實在是太讚囉!

星期四	星期五	星期六	星期日
黑咖啡 漢堡蛋	蘋果$\frac{1}{2}$顆 飯糰(不加油條) 有機黑豆漿	柳橙 1 顆 起司全麥吐司 有機黑豆漿	葡萄 8 顆 低脂牛奶 草莓土司
螃蟹海鮮鍋 (鍋底湯頭為白開水)	野菇雞肉義大利麵 無糖綠茶	雞肉堡 美式咖啡	乾煎菲力牛排 無糖紅茶
優酪乳	養樂多綠茶 雞蛋糕	薏仁綠豆湯	洛神花茶 雞蛋糕
醋拌海藻絲 荷葉粥	蘋果$\frac{1}{2}$顆 青菜豆腐湯 清炒芹菜雞丁	蜂蜜檸檬汁 蒜泥鮮蚵米粉	木瓜 雞肉蒸蛋 海帶芽湯

包括很多人愛吃的薯條、雞塊等,也都可以在家輕鬆做出甩掉油脂、美味不減的大餐,
對愛吃炸物的人而言可說是一大福音呢!

超享瘦大吃大喝食譜

第二週		星期一	星期二	星期三
早餐 ☀		香蕉 1 根 鮪魚御飯糰 高纖豆漿	蘑菇鐵板麵加蛋 無糖紅茶	小番茄 6 顆 草莓土司 有機黑豆漿
中餐 ☀		鮮蝦粿仔條煲	鮪魚堡 低脂牛奶	牛肉起司堡 美式咖啡
下午茶 ☕		棗子 1 顆 美式咖啡	蔬菜沙拉	奇異果 1 顆 優酪乳
晚餐 🌙		番茄 香菇雞粥	蛤蠣絲瓜麵	吻仔魚粥 水煮透抽

♥ **芯妤**
美食 DIY
教室小叮嚀

豆漿有豐富的蛋白質、鉀、鎂、鈣、維生素 A、B 群等成分，以及有助維護腸道健康的膳食纖維、卵磷脂、大豆異黃酮等營養成分，能夠強化我們的心血管、降低膽固醇、增強腦細胞活性。

用豆漿機親自現榨的濃郁的
豆香中，可以補充我們一天
的活力和所需膳食纖維！

星期四	星期五	星期六	星期日
蘋果 1 顆 燕麥粥	鮮蝦蒸餃 蜂蜜蘆薈汁	香蕉 1 根 香菇菜包 有機豆漿	奇異果 1 顆 玉米蛋餅 低脂牛奶
白酒蛤蠣義人利麵 無糖綠茶	榨菜雞絲乾拌麵 燙地瓜葉	泡菜鍋	日本料理壽司
橘子 1 顆 養樂多	綠豆湯	火龍果 美式咖啡	烏梅綠茶
香菇牛肉粥 清燙黑木耳	蘋果 1 顆 五穀雜糧粥	蘋果 1 顆 番茄豆腐湯 清炒黃瓜牛肉	清燉牛肉煲 小魚莧菜

最棒的是，它還有養顏美容的功效，
因此，豆漿是食譜中經常出現的健康飲品，非常推薦給大家飲用！

超享瘦大吃大喝食譜

第三週		星期一	星期二	星期三
	早餐 ☀	起司鮪魚蛋餅 山藥蘋果汁	蘿蔔糕加蛋 米漿	番茄蔬菜沙拉 （沾蜂蜜檸檬醬） 香蕉牛奶
	中餐 ☀	牛丼飯 茶碗蒸	魷魚羹麵 清燙地瓜葉	牛肉水餃 皮蛋豆腐
	下午茶 ☕	火龍果 1 顆 美式咖啡	木瓜牛奶	綠茶養樂多
	晚餐 🌙	小番茄 6 顆 蛤蠣絲瓜湯 水煮魷魚	葡萄 5 顆 糙米魚片粥 烤杏鮑菇	蘋果 1 顆 海絲芽瘦肉湯 烤鯛魚

♥ 芯妤 美食 DIY 教室小叮嚀	很多人喜歡在飯前來一杯新鮮的果汁，或者在早餐以果汁搭配土司、沙拉享用，展開活力的一天。偶爾在早上沒有課程的時候，我也會以這樣的方式來展開美好的一天，不過我喜歡自己在家用果汁機榨新鮮果汁來喝，比較不喝便利商店或店家販售的果汁。

用自己喜歡的水果親手自製果汁，不論是木瓜牛奶或是草莓牛奶等，喝起來都特別安心好喝唷！

星期四	星期五	星期六	星期日
蔬菜火腿蛋土司 低脂牛奶	香蕉牛奶 五穀核桃麵包	雞肉蔬菜沙拉 （沾果醋醬） 低脂牛奶	蘋果 1 顆 高纖豆漿 五穀雜糧土司
小番茄 6 顆 五穀飯 鹹冬瓜蒸三角魚	關東煮 （只吃料不喝湯）	養生菇菇鍋	牛肉拉麵
奇異果 1 顆	木瓜牛奶 鮪魚鬆餅 （沾少許蜂蜜）	桂圓紅棗茶 糙米餅乾	柳橙優格
皮蛋瘦肉粥 清燙地瓜葉	居酒屋串燒	吻仔玉米粥 清炒豆苗	葡萄 6 顆 蒜蓉瘦肉 番茄菠菜湯

自己榨果汁，除了乾淨衛生的考量之外，無糖或微甜的比例也能隨自己的喜好控制，同時較能喝到攪碎後的食材纖維，攝取最完整的營養。

生理期・好朋友特餐

		星期一	星期二	星期三
第四週	早餐 ☀	蘋果鳳梨汁 漢堡蛋（乾煎或少油）	葡萄柚菠菜汁 五穀雜豆湯	奇異果 1 顆 水煮蛋 藍莓貝果 黑咖啡
	中餐 ☀	南瓜飯・燙菠菜 乾煎豬肝	番茄義大利麵	番茄海鮮豆腐鍋
	下午茶 ☕	桂圓紅棗茶 雞蛋糕	蘋果香蕉牛奶	美式咖啡 草莓鬆餅
	晚餐 🌙	奇異果 1 顆 烤鱈魚 黃金蜆湯	櫻桃 8 顆 紅棗麥片粥 涼拌海帶絲	酸辣檸檬鱸魚 胡蘿蔔菠菜瘦肉粥

♥ **芯妤**
美食 DIY
教室小叮嚀

在「好朋友」來訪、全身懶洋洋不舒服的日子裡，下廚 DIY 準備瘦身食譜餐也很輕鬆簡單！只要利用聰明家電「萬用鍋」來料理，設定想要吃的菜色，不論是四物雞湯、酸辣檸檬鱸魚、胡蘿蔔瘦肉粥等，都可以按下自動烹飪設定，在時間內快速變出一道道美味

不論是蒸、煮、燉、滷、烤，
都可以用萬用鍋輕鬆烹調出
一道道美味好吃料理。

星期四	星期五	星期六	星期日
芭樂 1 顆 鮪魚蛋餅 高纖豆漿	小番茄 6 顆 火腿蛋土司 低脂牛奶	奇異果 1 顆 薏仁五穀奶 地瓜	綜合水果蔬菜沙拉 （沾蜂蜜檸檬汁） 香蕉蘋果牛奶
鮮蝦餃湯麵 清燙菠菜	紅豆薏仁飯 清燙地瓜葉 鹽烤鯖魚	四物雞湯 麵線	四物雞湯 紅豆米糕
綠豆薏仁湯	白木耳蓮子湯	菊花枸杞茶 雜糧餅乾	蘋果 1 顆 零脂優格
葡萄 8 顆 糙米魚片粥 雞肉蒸蛋	紅棗山藥湯 烤香菇	葡萄 6 顆 清炒黑木耳 蒜泥白肉 清燙曼波魚	杏仁小魚瘦肉粥 清燙菠菜

料理，對於偶爾想偷懶的女生們來說，可說是個超好用的下廚好幫手唷！

健身芯女神的
美麗曲線雕塑操

快把臀部從沙發上
移開～

Everybody，
跟著教練一起動一動！

你還在享受與想瘦之間徘徊嗎？
別再只是想了！趕快拿出行動力動起來！一
天只要做 3 組，就能看見漂亮的雕塑曲線，
讓你擁有人人稱羨的完美黃金比例！

芯妤教練
小叮嚀

每組動作進行 10 下後，再換下一組動作。

每組動作中間，約休息 30 秒，不要停留太久。

一天請進行 3 組動作。

甩掉 BYE BYE 蝴蝶袖

貼心小提醒

這個動作需要靠手臂肱三頭肌施力運動，而不是身體自己抬起來唷！

STEP1　臉朝下，採俯臥姿勢。雙臂靠緊身體，肘關節向後。

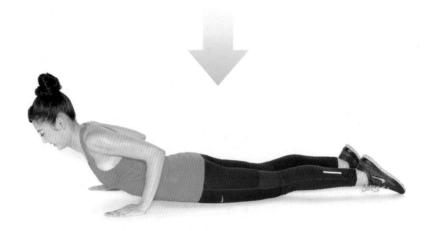

STEP2　掌心施力推起，連帶將身體帶上來。手肘與上手臂趨近 90 度。

貼心小提醒

做此動作時要收腹用力，保持上身呈
水平！！

STEP1 臉朝下，採俯跪姿勢。雙膝合併於地面，掌心支撐
地面，寬度略比肩寬。小腿上抬，與大腿呈 V 字形
彎曲，雙眼直視前方。

STEP2 身體往下帶去，手肘彎曲趨近 90 度。吸氣，用掌
心施力推起身體回原始位置後，再吐氣！

STEP1 面朝上，採坐姿。上身豎直，手指方向朝向臀部，雙手放至臀後，掌心貼至地面。

STEP2 掌心施力，將手臂伸直。腹部臀部離開地面，使全身呈一直線騰空狀態。停留五秒，吸氣慢慢回到原始位置。

告別游泳圈和小腹人

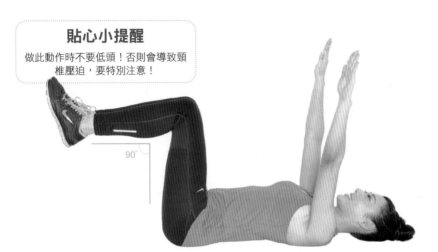

貼心小提醒
做此動作時不要低頭！否則會導致頸椎壓迫，要特別注意！

90°

STEP1 採仰臥姿勢，將雙腿上抬，大腿與小腿呈 90 度，雙手抬起與大腿平行。

STEP2 吐氣，捲腹，上身抬起離地，雙手過膝，直至雙掌越過膝關節。

貼心小提醒

腰部要貼緊地面，切勿懸空，否則容易導致腰椎壓迫。

STEP1 採仰臥姿勢。

STEP2 吸氣，將雙腿合併往上抬高。

STEP3 吐氣，左腿放下至離地 10 公分，右腿不動，保持身體平衡。左右腿交替。

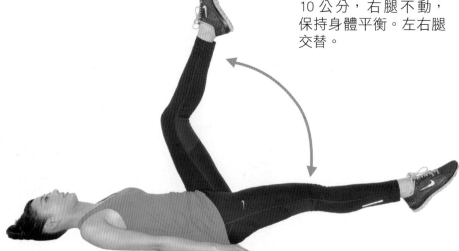

貼心小提醒

在運動過程中，手部只是平衡作用，
要使用腰腹力量才正確唷！

STEP1 身體側躺，將左手放至右胸上方，右手掌貼於地面，
讓身體達到平衡，吸氣。

STEP2 吐氣，利用腰腹力量將身體慢慢抬離地面，停頓三
秒後，再讓身體慢慢回到起始動作位置。

勾勒性感美胸曲線

STEP1
雙腳與肩同寬,雙手略比肩寬,骨盆成中立位置(切勿前後傾)。吸氣收腹,肩胛後縮。

STEP2
手肘往前曲至略近 90 度,將身體往前帶,頭、頸、椎成一直線。

STEP3
掌心施力推起回復原始位置,手肘關節微彎,不用僵硬打直。

貼心小提醒
雙掌往左右移動時，都要保持水平面
移動喔！

STEP1
雙腳打開與肩同寬。雙掌合十，
手肘上抬至與手腕關節平行。

STEP2 雙掌往中心施力，
右掌往左推。

STEP3 雙掌往中心施力，左掌
往右推。

胸部

貼心小提醒

身體下壓時要吸氣，手肘推起時要記
得吐氣。

STEP1 雙手打開略比肩寬，雙腿採跪姿。肩胛後縮，收腹，
著力點在雙掌、雙膝上。

STEP2 手肘往下曲至略近 90 度，
帶動身體往下，讓頭、頸、
脊椎趨近 180 度。

STEP3 掌心施力，推起帶動身體
回復原始位置。

謀殺底片骨感美背

> **貼心小提醒**
> 頭頸往上抬時，注意不要過度上抬，
> 否則容易導致腰椎壓迫喔！

STEP1　採俯臥姿勢，雙掌重疊，貼至額頭。

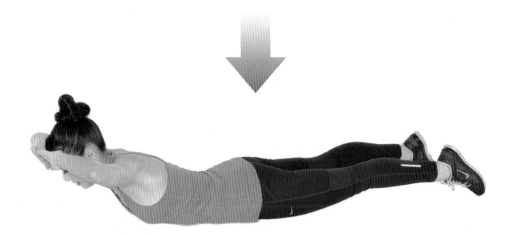

STEP2　頭頸保持穩定在自然延伸線上，上身微抬起，至下
　　　　背有收縮感。停留 5 秒。

STEP1 採俯臥姿勢，雙手往前伸直，掌心重疊。

STEP2

吸氣，上身微抬，下身微抬離，
頭頸保持在自然延伸線上。

STEP3

將雙手往左右擺至 45 度，呈下拉動
作，再還原於原始位置。

STEP1　採俯臥姿勢，雙手往前與肩同寬延伸，掌心貼於地面。

STEP2　吸氣，腹部著力，四肢上抬，停頓 10 秒再回到原始位置。

臀腿

打造小蜜桃俏臀與少女時代美腿

> **貼心小提醒**
> 抬腿時,骨盆切勿左右搖晃,容易導致尾椎受傷!

STEP1 吸氣,掌心貼於地面略比肩寬,撐起全身,雙腿打開與肩同寬。

STEP2 吐氣,保持脊柱穩定,右腿延伸抬至頂點後縮回原始姿勢!

貼心小提醒

雙手置於身體兩側以達平衡，下軀幹
與上軀幹呈斜直線！

STEP1　採仰臥姿勢，吸氣，雙腿屈膝開至與肩同寬，雙手自然平貼身體兩側。

STEP2　腳跟著力，臀部順勢抬起至頂點後臀部收縮再回原始動作。

STEP1

雙腳打開，比肩略寬，腳尖呈
45 度。雙手掌心向下，往水平
面延伸！

STEP2　脊柱保持穩定，從原始
位置往下蹲至膝關節略
呈 90 度。

STEP3　回復原始位置時，骨盆微
前傾，臀部收縮。

完美曲線必修課

放鬆筋肉伸展操

除了雕塑局部線條之外，想要讓全身的肌肉更修長漂亮，愛美的女生們可千萬別偷懶，一定要徹底執行「放鬆筋肉伸展操」，除了可以雕塑曲線之外，對身體還有深層按摩的功效呢！

運動前做筋肉伸展操，不但可以幫助身體充分暖身，避免運動傷害，運動後再做一次伸展，還可以舒緩肌肉痠痛，幫助肌肉恢復彈性，讓肌肉線條更為修長！而且只需要用到一張椅子，就可達到全身性伸展，幫助下半伸曲線美麗漂亮，不需要花大錢買器材，在家就可以輕鬆做到。這完美曲線必修課，愛美的女生們一定要通通 all pass 才行唷！

STEP1

背挺直，腳尖向上盡量伸展，
雙手擺至椅背兩側。

STEP2

背挺直，腳尖向下盡量伸展，
雙手擺至椅背兩側。

STEP3

腿單盤，雙手擺至椅背上方，
身體向腿部方向下壓伸展。

STEP1

腿單盤，左手擺至椅背上方，
右手靠腿部內側，身體向左旋
轉伸展。

STEP2

轉身，左腳盤至椅上，背挺直，
右腿盡量伸直伸展。

跟著這樣做就對了！

5 芯級 健康瘦身新概念！

5芯級

在了解了瘦身的重要性及正確觀念之後，接下來，成功靠的便是你的決心與行動力了。在這裡，芯妤教練要送給大家最高戰鬥祕笈的成功5心：決心、信心、愛心、恆心、開心，只要能夠具備這獨家特製的「5芯級」配方，在瘦身這條路上你一定能夠輕鬆達陣，而且不再受復胖之苦。加油吧！姊妹們！！

下定決心：不再兩天打漁、三天曬網，要有這是最後一次的決心

我經常問參加減肥瘦身訓練的學員：「你為什麼要減肥？是為了減給別人看？還是為了自己健康呢？」想要減肥的人，一定要為自己找一個實實在在、具體的目標，才能遇到困難時，不容易輕易放棄。

大部分的人或許都知道，減肥的不二法門就是：持續運動＋正確飲食＋規律作息。但很多肥胖的人，遲遲無法開始減肥的原因，就是缺乏「動機」，腦中又經常浮現「胖胖很可愛」「吃完這餐再減吧」「能吃就是福」「運動好累」的念頭，導致減肥經常反反覆覆，可能瘦了一陣子，但沒多久又復胖，始終無法成功。

有心減肥的人，一定要明確的認知減肥是為了自己身體的健康，以及伴隨而來的勻稱身材。人體能夠健康，需要靠足夠的肌肉群來支撐骨骼及身體，但人的新陳代謝會隨著年齡而降低，肌肉群也逐年在流失，因此需要靠運動來幫助維持，強化肌肉群耐力。倘若沒有肌肉，身體就會很容易生病，而且看起來比實際年齡還衰老，因此，運動是人生中絕對不能缺少的一環。

有心減肥的人，最好也能在瘦身計畫一開始，就讓身邊的親友、同事知道你的計畫，並且當眾宣布你的減肥目標。如此一來可以創造良性的外部壓力，讓大家幫忙你一起進行，同時，也可以減少許多不必要的聚餐，降低高熱量的攝取。如果可以，找幾個好朋友一起實施減肥計畫是最棒的方式，彼此互相監督和鼓勵，更能夠強化減肥決心，較不容易偷懶。

體重忽胖忽瘦的你，下定決心要減吧了嗎？那麼，請把這次減肥當成最後一次，一定要成功！

堅定信心：過程很艱辛，告訴自己一定做得到

減肥是一種「先苦後甘」的過程，我常跟學員說：減重是一輩子的事，不要貪快一時！減肥最怕的就是過度強烈的減重方式，例如很多人會選擇節食、吃單一、低卡食物來瘦身，這個方法雖然可以在短時間內快速瘦身，但如果身體沒有獲取均衡的必要營養素，長時間下來，會採取自動保護機制，讓新陳代謝降低，減慢脂肪分解的速度，等到你恢復正常飲食，反而很容易復胖，甚至超過減肥前的體重。

因此，正確的減肥方法應該是正確攝取飲食及全方位營養，包含澱粉、蛋白質、蔬菜、水果、優質油脂，而且一定要配合運動，才能夠瘦得健康、長久。很多人在減肥沒多久就會破功，畢竟要打破過去的生活習慣，不是一件容易的事。真正能夠瘦身成功的人，一定要有很強的意志力及信心來支持，當信心動搖時，你應該提醒自己：「不要再當走個路就氣喘吁吁的肉肉女」「肥肉肉會影響我的工作、感情、人際關係」「肥胖引發的疾病會危害我的健康」……等警語。

我也試過把這些減肥動機寫成「視覺化」標語貼在牆上、電腦桌面上、手機裡，隨時提醒自己，甚至會找一些身材很好的藝人、運動員照片，放在手機裡經常看，把他們當成我的終極達陣目標。另外，現在我三餐正常飲食，餐與餐中間飢餓時吃點蛋白質來止飢，家裡盡量不放置零食，減少隨時吃東西的欲望。只要能夠善用一些方法，都能在過程中幫助你更堅定減肥的信心，撐過最難熬的瓶頸！

要對自己有信心，堅持下去，只要相信自己可以，就一定達得到。因為每個人都有突破困難的能力，只是我們都沒有好好善用而已，你永遠都不知道自己的極限有多大！所以，如果你經常告訴自己「我辦不到」，做很多事情你就很容易有得過且過的心態。因此，要常常在大腦裡輸入「激勵密碼」，讓自己從內在產生自信，一旦當你從結果品嘗到成功果實後，一定會讓自己想要保持下去，變美、變得更好絕對不是夢想，而是你有能力可以辦到的事。

充滿愛心：要有愛自己的心，找到讓自己變好的動機

　　保持正向、樂觀的心態，也是減肥中很重要的成功關鍵。很多人在減肥的過程中，承受了很大的外在壓力，以及對自己的期許，變得非常緊張、擔心減肥失敗。其實，保持好心情，才可能讓減肥更事半功倍！因為當我們感到緊張或不快樂時，反而會想吃進更多高熱量的食物。當你擁有好心情時，身體才不會受到情緒影響，能夠有效地擺脫肥胖與減重的惡性循環。

　　很多人一直為「如何減肥」感到困惑，甚至花了不少金錢與時間，卻愈減愈肥，導致每次減肥的壓力，都比上一次還大。透過這本書，我想要告訴大家，減肥的道理和方法真的一點都不高深，只要保持開心、正面的情緒，為自己在辛苦的減重過程中，去找到一點點改變的美好，例如終於穿下那件小尺寸的衣服、出席聚餐時被大家誇獎變漂亮了……就是這些點滴的動力，讓自己更寵愛自己，相信自己一定能做得更好，才會有動力持續往下做！

　　接著便是從日常生活中，逐步改變原有的不好習慣，把正確飲食和運動變成之後的新生活方式。當你能夠發自內心的做出改變時，身體一定也會跟從你的心，逐漸地展現出健康瘦身的成效。

保持恆心：達到目的後，要有持續下去的恆心

　　很多人瘦下來沒多久就開始復胖，其中很大的原因是無法持之以恆。把運動當成一種玩樂，是瘦下來的最佳手段，更能養成良好習慣，這樣在成功瘦身之後也才不會復胖。為了運動而運動，反而有壓力，這不但是非常不正確的觀念，也無法維持長久。

　　其實我們的身體有記憶功能，當你習慣運動之後，身體的器官、肌肉等各項機能都會保持在一種最佳狀態，只要你能夠每天持續地運動，它就可以幫你維持，不至於老化。但你一旦停止了這項良好習慣，之前建立的訓練就會被破壞，等到下次想要再透過運動來瘦身，所有的體能、訓練機制就得再費力地重頭再來一次，甚至可能會隨著漸長的年齡更覺得吃力，而容易萌生放棄的念頭。

　　所以，持續的恆心跟開始的決心同等重要。採用「做一休一」的方式持續運動，身體一定會回饋你，還你青春美麗以及不容易生病的好體質，讓你持續窈窕健康又美麗。

活出開心：享受轉變後的新人生，用正向的心感染更多人

喜歡運動的人，一定會比較開心！因為，在運動時，人體的大腦會分泌一種名為「多巴胺」的神經傳導物質，會給人帶來興奮開心的感覺。運動的人一定也會比較正面，因為運動時，需要專注在動作上，會讓人摒除雜念、全神貫注，當面對運動難度增強時，更會讓人全力以赴去突破它、獲得滿足的暢快感，並且期待下一次的挑戰。

這些運動所帶來的好處，除了在我自己身上得到了印證，尤其在前面提及的那些「重量級」減肥者身上，更是有明顯的轉變。除了甩掉那些連走路都能讓人造成負擔的小肉肉之外，透過運動所鍛鍊出來的意志力與自信，讓他們在日常生活中也能更得心應手地面對許多事。一旦人生的挫折都能以樂觀正向的心態去挑戰與克服，人生中便少了很多無謂的煩惱與憂慮，自然會快樂開心。這些，都是透過運動瘦下來之後的收穫。

最棒的是，當你變得開心之後，那份感染力也會傳染周邊的人。像那些學員中，不少人的家人朋友們紛紛向他們尋求健康瘦身之道，甚至開始一起吃健

康營養餐，在無形中，你的改變成為了他人的指標，而你的正確經驗也可以幫助更多需要的人，這種快樂真的是金錢都很難買到。

你會發現，人生多了許多可能，那些因為肥胖所帶來的不便與負面早已離你遠去。現在的你，只需要快樂「享受」你的「想瘦」人生。一切，都會因為你的揮汗努力，變得更美好。

芯**曲線雕塑操** DVD
15分鐘輕鬆雕塑人魚線
和馬甲線！

鄭芯妤親自示範解說
天天利用躺著敷面膜的時間，
一邊跟著芯妤教練做深層運動腰腹
的地板動作，就能讓你輕鬆享瘦！

《其實你根本不想瘦》隨書贈品

15分鐘芯曲線雕塑操
邊敷面膜也能邊練出馬甲線和人魚線

看完這本書後，你是否躍躍欲試，迫不及待穿上運動服、慢跑鞋就想去運動、痛快地流個滿身汗呢？如果工作忙碌的你，沒有辦法抽出時間來出門運動，但又很希望能加強雕塑出S曲線，該怎麼辦呢？芯妤教練要教你利用每天晚上敷面膜的時間，就能練出馬甲線和人魚線的「芯曲線雕塑操」！這些動作都是躺在瑜伽墊上就可以完成的，等面膜敷完，不光是臉蛋充分吸收了營養精華，連身體都一起做了保養呢！

不論颱風下雨、工作忙碌、家庭小孩需陪伴照顧、時間多晚，都不怕因不方便出門、太晚吵到鄰居，光躺在床上敷面膜，就讓你輕鬆進入人魚國享瘦。

堅持才能擁有！！快跟著芯女神來個寵愛自己的時刻吧～

KH分享給您的健身之道 ◉⫶

很高興您買了這本書，代表您對自己的身體健康、身材的雕塑充滿著期待！我是劉畊宏，也是KH健身團隊的創辦人，我熱愛健身，也熱愛我的人生！

其實，對我而言，健身和運動是不可分的。健身可以幫助我們把各項運動做得更好，不只是為了身材而已，更可以堅強我們的意志，打開我們的視野，豐富我們的生活，活絡我們的人際關係，甚至從中塑造出領袖的特質與能力，進而改變我們的人生。

KH健身團隊的教練，想教導的也不是死板的健身運動課程表，更不是一直待在健身房裡做訓練，或是藉由健身器材，達到運動的目的而已，而是在教學的過程與互動中，真心去關心與關愛每個學員，更認識他們，更了解他們，發現他們的需要，找到他們動力的源頭，為他們量身規畫最有效的健身運動，持續地幫助學員，成為他們一輩子的健身夥伴！

運動還可以強化一個人的心理素質，在每一次突破的過程中，將軟弱的部分訓練變為剛強。健身運動不只是在健身房，更應該走出戶外，讓運動有著豐富和多元性，隨著時間年歲的增長，也要幫助生理素質、肌肉組織都能有不斷的增進，讓人能愈運動愈輕鬆，愈輕鬆愈想動，愈想動愈快樂！更希望藉由對健身運動的熱情，能夠幫助你的家庭、工作、人際關係有著全面性的提升，這才是KH健身團隊想要分享的健身之道。

好東西要跟好朋友分享，所以，我很愛分享我對健身運動的觀念，而能夠分享也讓我很快樂！

不管你現在幾歲，都應該要趕快投入健身運動的行列，為自己的體能儲存本錢。才有機會過更豐盛的人生，享受更快樂的生活。別再找藉口了，只要你願意，你一定可以做的到！

The Eurasian Publishing Group
圓神出版事業機構
用心與你對話．視野無限寬廣

方智出版社
Fine Press

http://www.booklife.com.tw

reader@mail.eurasian.com.tw

方智好讀 057

其實你根本不想瘦：人魚線教練甩肉大公開，
14人激瘦200公斤的奇蹟（附芯曲線雕塑操DVD）

作　　者／鄭芯妤

執行統籌／曾郁晴

文字整理／小　瑥

攝　　影／林昭宏、曾郁晴　※感謝光線傳媒提供照片

DVD攝影／謝學榮

發 行 人／簡志忠

出 版 者／方智出版社股份有限公司

地　　址／台北市南京東路四段50號6樓之1

電　　話／(02) 2579-6600・2579-8800・2570-3939

傳　　真／(02) 2579-0338・2577-3220・2570-3636

郵撥帳號／13633081　方智出版社股份有限公司

總 編 輯／陳秋月

資深主編／賴良珠

專案企畫／賴真真

責任編輯／柳怡如

美術編輯／黃一涵

行銷企畫／吳幸芳・涂姿宇

印務統籌／林永潔

監　　印／高榮祥

校　　對／賴良珠

排　　版／杜易蓉

經 銷 商／叩應股份有限公司

法律顧問／圓神出版事業機構法律顧問　蕭雄淋律師

印　　刷／國碩印前科技公司

2014年7月　初版

2014年7月　2刷

定價 300 元　　　　ISBN 978-986-175-360-7

版權所有・翻印必究

你本來就應該得到生命所必須給你的一切美好！

祕密，就是過去、現在和未來的一切解答。

——《The Secret 祕密》

想擁有圓神、方智、先覺、究竟、如何、寂寞的閱讀魔力：

◨ 請至鄰近各大書店洽詢選購。

◨ 圓神書活網，24小時訂購服務

　免費加入會員‧享有優惠折扣：www.booklife.com.tw

◨ 郵政劃撥訂購：

　服務專線：02-25798800 讀者服務部

　郵撥帳號及戶名：13633081　方智出版社股份有限公司

國家圖書館出版品預行編目資料

其實你根本不想瘦：人魚線教練甩肉大公開14人激瘦200公斤
的奇蹟／鄭芯妤 著.-- 初版 -- 臺北市：方智，2014.7
160面；17×23公分 --（方智好讀；57）

ISBN：978-986-175-360-7（平裝）

1.塑身　2.健身運動

425.2　　　　　　　　　　　　　　　　103009967